博碩文化

U0086756

博碩文化

Deep Learning with PyTorch

利用 PyTorch 實際演練神經網路模型

PyTorch 深度學習實作

Vishnu Subramanian 著
王海玲、劉江峰 譯

用對框架，也能達到更快速的有效成果。
從理解 PyTorch 基本構件到建立不同網路到先進深度學習框架，
再深入各種文本與影像的相關應用實作，一層一層打造你的深度學習實力。

本書如有破損或裝訂錯誤，請寄回本公司更換

作　　者：Vishnu Subramanian
譯　　者：王海玲、劉江峰
責任編輯：何芃穎

董 事 長：陳來勝
總 編 輯：陳錦輝

出　　版：博碩文化股份有限公司
地　　址：221 新北市汐止區新台五路一段 112 號 10 樓 A 棟
電話 (02) 2696-2869　傳真 (02) 2696-2867

發　　行：博碩文化股份有限公司
郵撥帳號：17484299　戶名：博碩文化股份有限公司
博碩網站：http://www.drmaster.com.tw
讀者服務信箱：dr26962869@gmail.com
訂購服務專線：(02) 2696-2869 分機 238、519
（週一至週五 09:30 ～ 12:00；13:30 ～ 17:00）

版　　次：2022 年 9 月初版一刷

建議零售價：新台幣 600 元
I S B N：978-626-333-285-0
律師顧問：鳴權法律事務所 陳曉鳴律師

國家圖書館出版品預行編目資料

PyTorch 深度學習實作 : 利用 PyTorch 實際演練神經網路模型 /Vishnu Subramanian 著 ; 王海玲 , 劉江峰譯 . -- 初版 . -- 新北市 : 博碩文化股份有限公司 , 2022.09　面；　公分
譯自 : Deep learning with PyTorch : a practical approach to building neural network models using PyTorch

ISBN 978-626-333-285-0 (平裝)

1.CST: 機器學習 2.CST: 人工智慧

312.831　　　111015378

Printed in Taiwan

商標聲明

本書中所引用之商標、產品名稱分屬各公司所有，本書引用純屬介紹之用，並無任何侵害之意。

有限擔保責任聲明

雖然作者與出版社已全力編輯與製作本書，唯不擔保本書及其所附媒體無任何瑕疵；亦不為使用本書而引起之衍生利益損失或意外損毀之損失擔保責任。即使本公司先前已被告知前述損毀之發生。本公司依本書所負之責任，僅限於台端對本書所付之實際價款。

著作權聲明

獻給 *Jeremy Howard* 及 *Rachel Thomas*，感謝他們對於寫作這本書的鼓勵。

獻給我的家人，感謝他們給予的愛。

—— *Vishnu Subramanian*

推薦序

在過去幾年裡，我一直與 Vishnu Subramanian 共事。Vishnu 給人的印象是一位熱情的技術分析專家，他具備達到卓越人士所需的那種嚴謹。他對大數據、機器學習、人工智慧的觀點很有見地，對問題和解決辦法的前景有自己的分析判斷與評價。由於與他關係密切，我很高興能以 Affine 首席執行官的身分為本書作序。

想要為財富前五百大客戶提供深度學習解決方案達到更進階的效果，顯然需要快速的原型設計。PyTorch 這個深度學習框架，允許對分析中的專案進行快速原型化，而不必過於擔心框架的複雜性。有了更快交付解決方案的框架，開發人員的能力得以發揮到極致；身為一名提供先進分析解決方案的企業家，在團隊中建立這種能力恰巧是我的首要目標。透過本書，Vishnu 將帶領讀者瞭解使用 PyTorch 建構深度學習解決方案的基本知識，同時幫助讀者建立一種適用於現代深度學習技術的思維模式。

本書前半部分介紹了深度學習和 PyTorch 的幾個基礎建構部分，內容涵蓋了關鍵的重要概念，如過度擬合、欠擬合，以及有助於處理這些問題的相關技術。

在本書後半部分，Vishnu 介紹了最新的概念，如 CNN、RNN、使用預卷積特徵（pre-convoluted feature）的 LSTM 遷移學習、一維卷積，以及如何應用這些技術的真實案例。最後兩章帶讀者認識現代深度學習的架構，如 Inception、ResNet、DenseNet 模型和集成，以及生成網路如風格轉換、GAN 和語言建模等等。

有了這些實用案例和詳盡解釋，對於想要精通深度學習的讀者來說，本書無疑是最佳的首選。現今技術發展的速度是無與倫比的，讀者若期待開發成熟的深度學習解決方案，我想指出的是，合適的框架也會推動合適的思維方式。

祝所有讀者可以藉由本書快樂地探索新世界！

祝 Vishnu 和本書成功、暢銷熱賣，此乃實至名歸。

Manas Agarwal

Affine Analytics 公司聯合創始人兼 CEO

寫於印度的邦加羅爾

貢獻者

作者簡介

Vishnu Subramanian 在領導、程式建構和實作大數據分析專案（人工智慧、機器學習和深度學習）方面富有經驗，擅長機器學習、深度學習、分散式機器學習和視覺化等；在零售、金融和旅行等行業頗具經驗，並善於理解與協調企業、人工智慧和工程團隊之間的關係。

致謝

如果沒有 *fast.ai* 的 *Jeremy Howard* 和 *Rachel Thomas* 開放式線上課程（*MOOC*）給我的啟發，本書就不可能面世，感謝他們在推廣人工智慧與深度學習上扮演的重要角色。

審閱者簡介

Poonam Ligade 是一名自由工作者，專精於大數據工具，如 Spark、Flink 和 Cassandra，並擅長可擴充的機器學習與深度學習；她也是一位頂尖的 Kaggle 核心作者。

譯者簡介

王海玲，畢業於吉林大學電腦系，從小喜愛數學，曾獲得華羅庚數學競賽全國二等獎，且擁有世界 500 強企業多年研發經驗。作為專案主要成員，參與過美國惠普實驗室機器學習專案。

劉江峰，重慶大學軟體工程碩士，專攻物流、旅遊、航空票務、電商等垂直技術領域。曾在上市公司帶領團隊與「去哪兒」、「途牛」、「飛豬」平台在機票、旅遊方向皆有專案合作。目前任職公司主要負責帶領攻堅團隊為公司平台深度整合人工智慧、資料決策的多項平台應用。

譯稿審稿者簡介

李昉，畢業於東北大學自動化系，大學期間曾獲得「挑戰杯」全國一等獎。擁有惠普、文思海輝等世界 500 強企業多年研發經驗，隨後加入網路創業公司；現於中體彩彩票運營公司負責大數據和機器學習方面的研發。同時是集智俱樂部成員，並參與翻譯了人工智慧書籍 *Deep Thinking*。

CONTENT

01 PyTorch 與深度學習

02 神經網路的構件

03 深入瞭解神經網路

04 機器學習基礎

DEEP
LEARNING
WITH
PYTORCH

06 序列資料和文本的深度學習

07 生成網路

08 現代網路架構

09 未來走向

前言

PyTorch 以其靈活性和易用性吸引了資料科學專業人士和深度學習從業人員的注意。本書介紹了深度學習和 PyTorch 的基本組成部分（building block），並示範如何使用可行方法解決實務問題，以及一些用於解決當代最新（cutting-edge）研究問題的現代網路架構和技術。

本書在不深入數學細節的方式下，對多個先進的深度學習框架提供直觀解釋，如 ResNet、DenseNet、Inception 和 Seq2Seq 等，也說明了如何進行遷移學習，如何使用預計算特徵加速遷移學習，以及如何使用詞嵌入、預訓練的詞嵌入、LSTM 和一維卷積進行文字分類。

閱讀完本書後，讀者將會成為一個精通深度學習的人才，能夠利用學習到的不同技術解決業務問題。

目標讀者

本書適合的讀者包括工程師、資料分析員、資料科學家、深度學習愛好者，以及試圖使用 PyTorch 研究和實作進階演算法的各界人士。如果讀者具備機器學習的知識，則有助於本書的閱讀，但這並不是必需的，不過最好能夠先行瞭解 Python 程式設計的基本知識。

本書內容

第 1 章 PyTorch 與深度學習，回顧了人工智慧（artificial intelligence, AI）和機器學習的發展史，並介紹深度學習的最新成果，也涵蓋了硬體和演算法等諸多領域，闡述其發展如何引發深度學習在不同應用上的重大嶄獲；最後介紹 PyTorch 的 Python 函式庫，它由 Facebook 依據 Torch 而建構。

第 2 章 神經網路的構件，討論了 PyTorch 的不同組成部分，如變數、張量和 nn.module，以及如何將其使用於開發神經網路。

第 3 章 深入瞭解神經網路，涵蓋了訓練神經網路的不同過程，如資料的準備、用於批次化張量的資料載入器、建立神經架構的 torch.nn 套件以及 PyTorch 損失函數和優化器的使用。

第 4 章 機器學習基礎，介紹了不同類型的機器學習問題和相關的挑戰，如過度擬合和欠擬合等，同時涵蓋了避免過度擬合的各種技術，像是資料增強、加入 dropout 和使用批次正規化。

第 5 章 應用於電腦視覺的深度學習，介紹了卷積神經網路（CNN）的基本組成，如一維和二維卷積、最大池化、平均池化、基礎 CNN 架構、遷移學習以及使用預卷積特徵加快訓練等。

第 6 章 序列資料和文字的深度學習，解釋了詞嵌入、如何使用預訓練的詞嵌入、遞迴神經網路（RNN）、長短期記憶（LSTM）網路，以及對 IMDB 資料集進行文字分類的一維卷積。

第 7 章 生成網路，展示了如何使用深度學習生成藝術風格圖片、使用深度卷積生成對抗網路（DCGAN）生成新圖片，以及使用語言模型生成文字。

第 8 章 現代網路架構，闡述了可以應用於電腦視覺的現代架構，如 ResNet、Inception 和 DenseNet；並快速導覽可用於現代語言翻譯和影像標題（image captioning）系統的 encoder-decoder 架構。

第 9 章 未來走向，總結了本書所學內容，並介紹了如何緊跟深度學習領域的最新潮流。

如何善用本書

本書除第 1 章與第 9 章之外，其餘章節在 GitHub 儲存庫中都有對應的 Jupyter Notebook。書中為了節省空間，可能未包含執行所需的導入語句，但讀者可以從 Notebook 中執行所有程式碼。

本書注重範例演練，請在閱讀本書時執行 Jupeter Notebook。

使用帶有 GPU 的電腦有助於程式碼執行得更快。有些公司如 paperspace.com 和 www.crestle.com 抽象化了執行深度學習演算法所需的大量複雜度。

○ 下載本書範例程式檔案

你可以在 www.packtpub.com 使用自己的帳號下載本書的範例程式碼。如果你是在其他地方購買這本書，可以到 http://www.packtpub.com/support 註冊，註冊之後即可直接把這些檔案 email 給你。

你可以依照下列步驟下載程式碼範例檔：

1. 在 www.packtpub.com 註冊並登入。
2. 選取 **SUPPORT** 頁籤。
3. 點選 **Code Downloads**。
4. 在 **Search** 搜尋框中輸入本書名稱，然後依照螢幕上的指示進行。

下載完檔案後，請使用以下工具程式的最新版本來解壓縮到你的資料夾中：

- WinRAR/7-Zip（Windows 系統）
- Zipeg/iZip/UnRarX（Mac 系統）
- 7-Zip/PeaZip（Linux 系統）

本書的程式碼也放在 GitHub 上，網址為：https://github.com/PacktPublishing/Deep-Learning-with-PyTorch。如果程式碼有任何更新，GitHub 儲存庫中的內容也會同步更新。

我們還有許多其他書籍，相關程式碼以及影片放在 https://github.com/PacktPublishing/，歡迎也去看看。

下載本書的彩色圖片

我們也提供一份 PDF 檔案，其中含有本書螢幕截圖 / 圖表的彩色圖片，你可以在此下載：https://www.packtpub.com/sites/default/files/downloads/DeepLearningwithPyTorch_ColorImages.pdf。

本書排版格式

在這本書中，有幾種排版格式。

`CodeInText`：表示文字裡的程式碼、資料庫表格名稱、資料夾名稱、檔案名稱、檔案副檔名、路徑名稱、網址、用戶的輸入和 Twitter 帳號名稱。舉例來說：「自定義類別必須實作兩個主要函數，亦即 `__len__(self)` 以及 `__getitem__(self, idx)`」。

程式碼區塊會看起來像這樣：

```
x,y = get_data() #x - 表示訓練資料 , y - 表示目標變數

w,b = get_weights() #w,b - 可學習參數

for i in range(500):
    y_pred = simple_network(x) #用來計算 wx + b 的函數
    loss = loss_fn(y,y_pred) #計算 y 與 y_pred 平方差之和
if i % 50 == 0:
        print(loss)
    optimize(learning_rate) #調整 w,b 讓 loss 最小
```

粗體字：表示新的專有名詞或重要字眼，或是你在螢幕上看到的字串。

> **NOTE**
>
> 警告或重要訊息會出現在這樣的框中。

> **TIP**
>
> 提示和技巧會像這樣呈現。

讀者回饋

我們始終歡迎讀者的回饋。

一般回饋：請寄送電子郵件到 customercare@packtpub.com，並請在郵件的主題中註明書籍名稱。如果您對本書的任何方面有疑問，請發送電子郵件至 questions@packtpub.com。

勘誤表：雖然我們已經盡力確保內容的正確準確性，錯誤還是可能會發生。若您在本書中發現錯誤，請向我們回報，我們會非常感謝您。勘誤表網址為 www.packtpub.com/support/errata，請選擇您購買的書籍，點擊 **Errata Submission Form**，並輸入您的勘誤細節。

盜版警告：如果您在網際網路上以任何形式發現任何非法複製的本公司產品，請立即向我們提供網址或網站名稱，以便我們尋求補救措施。請透過 copyright@packt.com 與我們聯繫，並提供相關的連結。

如果您有興趣成為作者：如果您具有專業知識，並對寫作和貢獻知識有濃厚興趣，請參考：http://authors.packtpub.com。

讀者評論

請留下您對本書的評論。當您使用並閱讀完這本書時，何不到本公司的官網留下您寶貴的意見？讓廣大的讀者可以在本公司的官網看到您客觀的評論，並做出購買決策。讓 Packt 可以了解您對我們書籍產品的想法，並讓 Packt 的作者可以看到您對他們著作的回饋。謝謝您！

有關 Packt 的更多資訊，請造訪 packtpub.com。

LEARNING

01

PyTorch 與深度學習

深度學習改變了很多產業，吳恩達（Andrew Ng）曾經在他的推特上這樣說：

> ***Artificial Intelligence is the new electricity!***
> （人工智慧猶如新時代電力！）

電力的應用曾為無數行業帶來龐大的改變，如今人工智慧也將帶來同樣的震撼。

人工智慧和深度學習雖然經常被當成同義詞使用，但實際上這兩個術語有本質上的差別。我們會從專業的角度解釋這兩個術語，讓身為業界人士的你可以區分它們，就像區分訊號和雜訊一樣。

本章將說明人工智慧的以下內容：

- 人工智慧及其源起
- 現實世界中的機器學習
- 深度學習的應用
- 為何要研究深度學習？
- 深度學習框架：PyTorch

1.1 人工智慧

現今每天都有許多人工智慧的文章發表，並且在最近這兩年愈加顯著。網路上關於人工智慧的定義有幾種說法，我最喜歡的一個是：**將通常由人類動用腦力來執行的任務加以自動化**。

1.1.1 人工智慧發展史

1956 年，約翰·麥肯錫（John McCarthy）召開了第一次人工智慧的學術會議，並首次使用了人工智慧這個術語。然而早在此之前，關於機器是否會思考的討論就已經開始。人工智慧發展初期，機器已經可以解決對人類來說較為棘手的問題。

例如，德國製造了在第二次世界大戰後期用於軍事通訊的恩尼格瑪密碼機（Enigma machine），艾倫·圖靈（Alan Turing）則建立了一個用於破解恩尼格瑪密碼機的人工智慧系統。人類破譯恩尼格瑪密碼是一個非常有挑戰性的任務，並往往會花費分析員數週的時間，而人工智慧機器幾個小時就可以破解密碼。

電腦解決一些對人類來說很直覺的問題，卻一度非常艱難。例如區分貓和狗、判斷朋友是否對你參加聚會遲到而感到生氣（情緒）、辨別汽車和卡車、參與研討會時寫下筆記（語音辨識），或為你的外國朋友將筆記轉換成對方的語言（例如從法語轉譯成英語）。這些任務中的大多數對我們而言都很直覺，但過去我們卻無法編寫程式或給電腦一個 hard code 來解決這類問題。早期電腦人工智慧的實作都是寫死的，像是可以下棋的電腦程式。

人工智慧發展初期，許多研究人員相信，人工智慧可以透過對規則寫死來實作。這類人工智慧稱為**符號人工智慧（symbolic AI）**，它適用於解決明確的邏輯性問題，然而對於那些複雜的問題，如影像辨識、物件偵測、語言翻譯和自然語言的理解等任務，它卻幾乎無能為力。人工智慧的新方法，如機器學習和深度學習，正是用於解決這類問題的。

為了更容易理解人工智慧、機器學習和深度學習的關係，我們畫了幾個同心的圓圈。人工智慧位於最外層，它最早出現，範疇也最大，然後向內是機器學習，最內層是驅使今日人工智慧迅速發展的深度學習，它位於兩個圓圈的內部，如圖 1.1 所示。

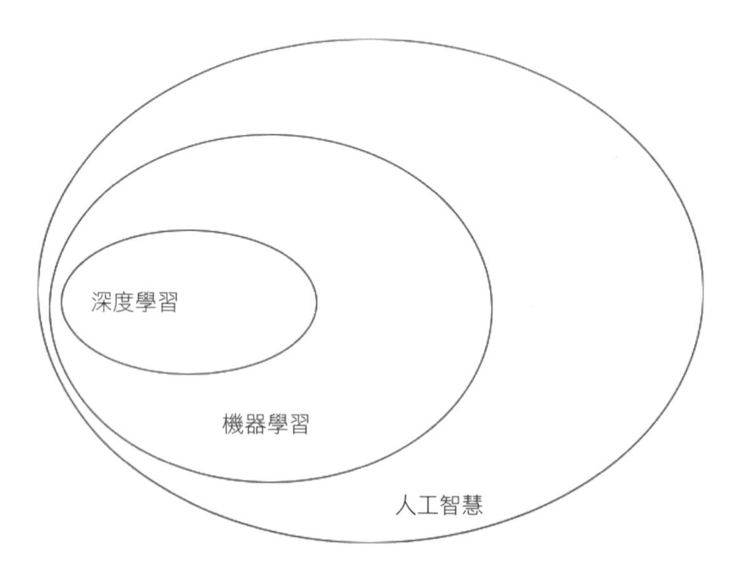

■ 圖 1.1　人工智慧、機器學習和深度學習的關係

1.2 機器學習

機器學習（machine learning）是人工智慧的一個子領域，它在過去 10 年變得非常流行，而且有時這兩個詞可以互相交替。除了機器學習外，人工智慧還包括很多其他的子領域。機器學習系統是透過大量實例的呈現來建構，與符號人工智慧是透過對規則寫死的方式不同。從更高的層面來解釋，機器學習系統是透過檢視大量資料，然後總結出可以預測未見資料結果的規則，如圖 1.2 所示。

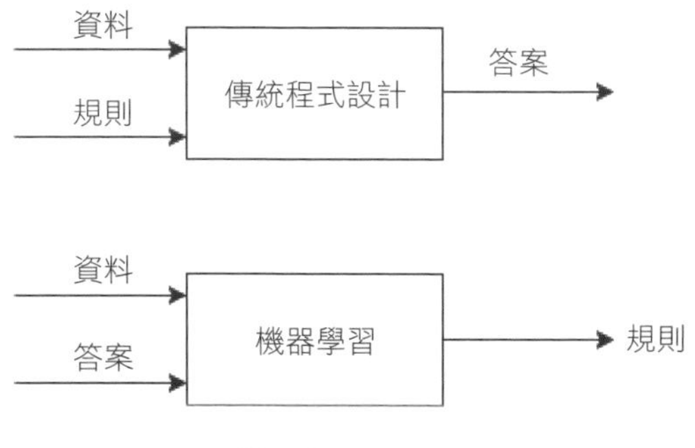

■ 圖 1.2　機器學習 vs. 傳統程式設計

大多數機器學習演算法在結構化資料上執行良好，如銷售預測、推薦系統和個人化行銷等。所有機器學習演算法中都涉及的一個重要因素是特徵工程（feature engineering），資料科學家花費大量時間來獲取機器學習演算法執行的正確特徵。在某些領域，如電腦視覺（computer vision）和**自然語言處理（natural language processing, NLP）**，因為含有較高維度，使特徵工程非常具有挑戰性。

直到現在，由於特徵工程和高維度方面等原因，對於使用典型機器學習技術（如線性迴歸、隨機森林等）來解決這類問題的機構來說都非常有難度。試想一張大小為 224×224×3（高 × 寬 × 通道）的圖片，其中 3 表示彩色圖片中紅、綠、藍等色彩通道的個數。為了在電腦記憶體中儲存這張圖片，對應的矩陣要包含 150,528 個維度。假設要根據 1,000 張 224×224×3 大小的圖片建置分類器，維度就會變成 1,000 乘 150,528 的大小。所幸機器學習中一個稱之為**深度學習**的特別分支，讓我們得以藉助現代技術和硬體處理這些問題。

1.2.1　機器學習的實際案例

以下是運用機器學習技術實作的出色案例：

- **案例 1**：Google Photos 使用了機器學習中的特有形式，稱之為**深度學習照片分組**（deep learning for grouping photos）的技術。
- **案例 2**：推薦系統，這是一種可用於推薦電影、音樂和產品的機器學習演算法，很多大公司，如 Netflix、Amazon 和 iTunes 都在使用。

1.3 深度學習

傳統機器學習演算法使用手寫的特徵提取程式碼來訓練演算法，而深度學習（deep learning）演算法使用現代技術自動提取這些特徵。

例如，一個用於預測影像是否包含人臉的深度學習演算法將在第一層檢查邊緣、第二層偵測鼻子和眼睛等形狀、最後一層偵測臉部形狀或者更複雜的結構（見圖 1.3）。每一層都依據前一層的資料呈現進行訓練。如果大家覺得上面的解釋理解起來有些困難，請不要擔心，本書的後續章節會幫助你更直觀地建構和觀察這樣的網路。

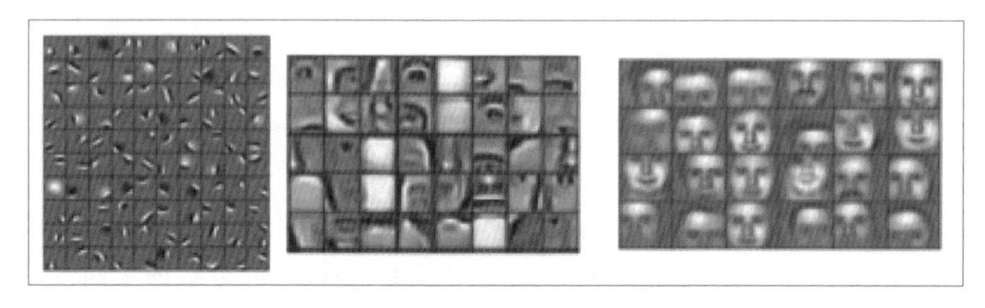

■ 圖 1.3　中間層的視覺化輸出

得益於 GPU、大數據、雲端服務供應商如 **Amazon Web Services（AWS）**和 Google Cloud，以及 Torch、TensorFlow、Caffe 和 PyTorch 這些框架的出現，深度學習的應用在過去幾年出現了急遽的增長。除此之外，一些大型公司還分享了已在龐大的資料集上訓練好的演算法，使得後來者無需耗費太大工夫就能建立出最先進的系統，應用在幾種使用案例上。

1.3.1 深度學習的應用

深度學習一些流行的應用如下：

- 接近人類水準的影像分類
- 接近人類水準的語音辨識

* 機器翻譯
* 自動駕駛汽車
* Siri、Google 語音和 Alexa 近幾年更加準確
* 日本農民的小黃瓜智慧挑選
* 肺癌檢測
* 準確度高於人類的語言翻譯

圖 1.4 為一個用於總結段落大意的簡短例子，電腦讀入一大段文字，並用幾行總結出中心語義。

Source Text

munster have signed new zealand international francis *saili* on a two-year deal . utility back *saili* , who made his all blacks debut against argentina in 2013 , will move to the province later this year after the completion of his 2015 contractual commitments . the 24-year-old currently plays for *auckland-based* super rugby side the blues and was part of the new zealand under-20 side that won the junior world championship in italy in 2011 . *saili* 's signature is something of a coup for munster and head coach anthony foley believes he will be a great addition to their backline . francis *saili* has signed a two-year deal to join munster and will link up with them later this year . ' we are really pleased that francis has committed his future to the province , ' foley told munster 's official website . ' he is a talented centre with an impressive *skill-set* and he possesses the physical attributes to excel in the northern hemisphere . ' i believe he will be a great addition to our backline and we look forward to welcoming him to munster . ' *saili* has been capped twice by new zealand and was part of the under 20 side that won the junior championship in 2011 . *saili* , who joins all black team-mates dan carter , *ma'a nonu* , conrad smith and charles *piutau* in agreeing to ply his trade in the northern hemisphere , is looking forward to a fresh challenge . he said : ' i believe this is a fantastic opportunity for me and i am fortunate to move to a club held in such high regard , with values and traditions i can relate to from my time here in the blues . ' this experience will stand to me as a player and i believe i can continue to improve and grow within the munster set-up . ' as difficult as it is to leave the blues i look forward to the exciting challenge ahead . '

Reference summary

utility back francis *saili* will join up with munster later this year .
the new zealand international has signed a two-year contract .
saili made his debut for the all blacks against argentina in 2013 .

■ 圖 1.4　電腦產生的文字段落摘要

接下來，我們把一張普通的圖片（圖 1.5）輸入電腦，不告知電腦影像中顯示的是什麼。藉助物件偵測技術和字典的幫助，我們得到的影像描述是：**兩個小女孩正在玩樂高玩具**。電腦這樣是不是很聰明？

■ 圖 1.5　物件偵測和影像標題
（圖片來源：`https://cs.stanford.edu/people/karpathy/cvpr2015.pdf`）

1.3.2　深度學習的浮誇宣傳

媒體、非人工智慧領域人士、以及那些沒有實際參與人工智慧與深度學習的人不斷暗示，隨著人工智慧和深度學習的進步，電影《魔鬼終結者 2》（*Terminator 2: Judgement Day*）中的場景將會成真。有些人甚至談論到人類未來終將被機器人全面控制，屆時機器人將決定人類的命運。以現時而言，人工智慧的能力被過分誇大了。現階段，大多數深度學習系統都部署在一個非常受控的環境中，並提供了有限的決策邊界。

我的想法是，當這些系統能夠學會做出智慧決策，而非僅僅完成模式匹配，當數以千計的深度學習演算法可以一併運作，那時或許我們有機會見到有如科幻電影中一樣表現的機器人。事實上，通用的人工智慧尚有許多成長的空間，也就是說，距離機器可以在沒有指示的情況下做任何事，還有一段路要走。現在的深度學習大多是關於如何尋找現有資料的模式並預測未來的結果。身為深度學習從業人員，我們應該像區別訊號和雜訊一樣區分這些不實說法。

1.3.3 深度學習發展史

儘管深度學習在最近幾年才開始蔚為流行，但其背後的理論早在二十世紀的 50 年代就開始形成。表 1.1 顯示了現今深度學習應用中最受歡迎的技術和出現的大約時間點。

表 1.1　深度學習應用技術與其出現的大約時間點

技術	年份
神經網路（neural network）	1943
反向傳播（backpropogation）	二十世紀 60 年代初期
卷積神經網路（convolution neural networrk）	1979
遞迴神經網路（recurrent neural netwok）	1980
長短期記憶網路 (long short-term memory)	1997

深度學習這個術語過去有幾種不同的說法：在二十世紀 70 年代我們稱之為**模控學（cybernetics）**，二十世紀 80 年代稱之為聯結主義（connectionism），現在則稱之為**深度學習（deep learning）**或**神經網路（neural network）**；我們將交替使用深度學習和神經網路這兩個術語。神經網路通常指的是那些受人腦運作所啟發的演算法。然而，身為深度學習的從業人員，我們應明白神經網路主要是由強大的數學理論（線性代數和微積分）、統計學（機率）和軟體工程所啟發和支援。

1.3.4 為何是現在？

為何現在深度學習這麼流行？一些關鍵原因如下：

- 硬體可用性
- 資料和演算法
- 深度學習框架

1.3.5 硬體可用性

深度學習要在數百萬甚至數十億的參數上進行複雜的數學運算。儘管這幾年效率有所提升，但只依靠現在的 CPU 執行這些運算還是極其耗時。一種叫作**圖形處理單元（graphics processing unit, GPU）**的新型硬體在完成這些大規模的數學運算時（如矩陣乘法）可以有指數型的成長速度。

GPU 最初是 Nvidia 和 AMD 這些公司為了遊戲產業而開發的。事實證明，這種硬體效率極高，不僅可以傳輸高品質的影像遊戲，還能夠加快深度學習演算法。Nvidia 最近的一款產品 *1080ti*，僅花了幾天時間就根據 `ImageNet` 資料集建立了一個影像分類系統，而在這之前，恐怕得花上一個月左右才能完成。

如果打算購買用於深度學習的硬體，建議用戶根據預算選擇一款 Nvidia 出產且記憶體較大的 GPU。記住，電腦記憶體和 GPU 記憶體並不相同，1080ti 大約帶有 11GB 的記憶體，它的價格在 700 美元左右。

你也可以使用各種雲端服務，如 AWS、Google Cloud 或 Floyd（這家公司提供專為深度學習最佳化的 GPU 機器）。如果剛開始進行深度學習，或在財務受限的情況下為公司設置機器時，使用雲端服務就是一種經濟實惠的做法。

NOTE

使系統最佳化之後，
效能可以大幅提升。

圖 1.6 為不同基準下，CPU 和 GPU 的效能比較：

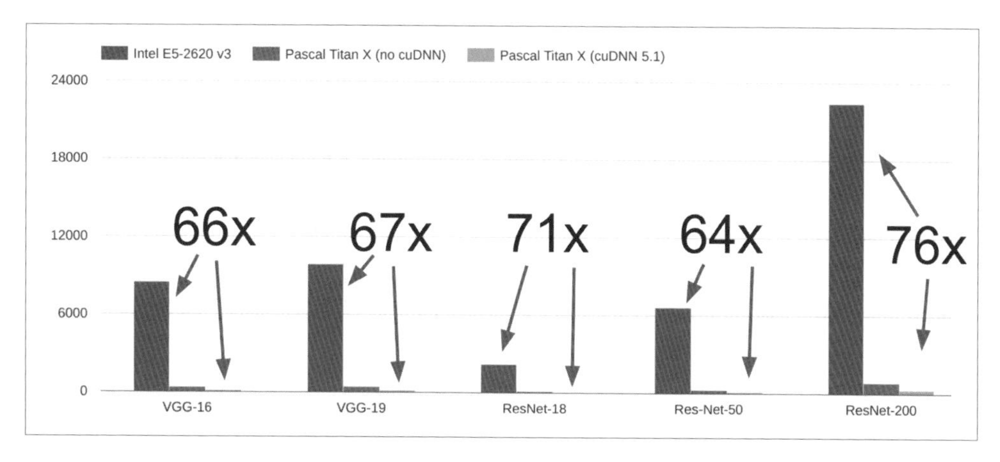

■ 圖 1.6　根據不同的神經網路架構基準，比較 CPU 和 GPU 的效能差異
（圖片來源：http://cs231n.stanford.edu/slides/2017/cs231n_2017_lecture8.pdf）

1.3.6　資料和演算法

資料是完成深度學習最重要的組成部分，由於網際網路的普及和智慧手機使用率的增長，一些大公司如 Facebook（現改名 Metaverse）和 Google，可以收集到大量不同格式的資料，特別是文字、圖片、影片和音訊這類資料。在電腦視覺領域，ImageNet 競賽提供了含有 1,000 種類別、內含 140 萬張圖片的資料集，發揮了很大的作用。

這些影像類別是手動標註的，每年都有數百個團隊參與競賽。過去比賽中一些成功的演算法有 VGG、ResNet、Inception、DenseNet 等。現在這些演算法已應用在業界中，用於解決各種電腦視覺問題。深度學習領域還有其他一些流行的資料集，這些資料集常用於建立不同演算法的效能基準：

- MNIST
- COCO 資料集
- CIFAR

- The Street View House Numbers
- PASCAL VOC
- Wikipedia dump
- 20 Newsgroups
- Penn Treebank
- Kaggle

各種不同演算法的發展，如批次正規化（batch normalization）、啟動函數（activation function）、跳躍式連接（skip connection）、**長短期記憶（long short-term memory, LSTM）網路**、dropout 等，使得最近幾年可以更快並更成功地訓練極深度網路。在本書接下來的章節中，我們將深入瞭解每一種技術的細節，以及如何使用這些技術建立更好的模型。

1.3.7 深度學習框架

在早期，人們需要具備 C++ 和 CUDA 的專業知識來實作深度學習演算法，如今，隨著許多公司將它們的深度學習框架開源，使得那些具有腳本語言知識（如 Python）的人，也可以開始建立和使用深度學習演算法。現今業界中流行的深度學習框架有 TensorFlow、Caffe2、Keras、Theano、PyTorch、Chainer、DyNet、MXNet 和 CNTK。

如果沒有這些框架，深度學習的應用也不會如此廣泛。它們抽象出許多底層的複雜度，讓我們可以專注於應用。我們尚處於深度學習的早期階段，很多公司與組織機構都在對深度學習進行大量研究，幾乎每天都有突破性的成果，而正因為如此，各種框架也各有其利弊。

PyTorch

PyTorch 以及其他大多數深度學習框架，主要用於兩方面：

- 用 GPU 加速的運算，替代 NumPy 類（NumPy-like）的運算
- 建立深度神經網路

讓 PyTorch 愈來愈受歡迎的是它的易用性和簡單性。PyTorch 使用動態計算，不同於其他大多數流行的深度學習框架使用靜態計算圖，因此在建立複雜架構時，PyTorch 可以有更高的靈活性。

PyTorch 大量使用了 Python 的概念，例如類別、結構和條件迴圈，允許用戶以純物件導向的方式建立深度學習演算法。大部分其他的流行框架引進了自己的程式設計風格，有時編寫新演算法會很複雜，甚至不支援直觀的除錯。後續章節將會詳細討論如何計算圖。

儘管 PyTorch 剛發布時還處於 β 版本，但由於它的簡單易用、效能出色、易於除錯，以及來自不同公司如 SalesForce 等的強大支援，PyTorch 受到資料科學家和深度學習研究人員熱烈歡迎。

由於 PyTorch 最初主要為了研究目的而建立，因此不建議用於那些對延遲要求非常高的生產環境。然而，隨著名為 **Open Neural Network Exchange（ONNX）**的新專案出現，這種情況正在發生改變，該專案的重點是把利用 PyTorch 開發的模型部署到適用生產的平台上，像是 Caffe2；該專案還得到 Facebook 和微軟的支援。在本書寫作之時，這個專案剛啟動沒多久，因此過多的定論尚言之過早。

在本書的其餘部分，我們將學習各種模組（較小的概念或技術），可用於電腦視覺和自然語言處理領域中，建立強大的深度學習應用。

1.4 小結

作為介紹性章節，本章探討了什麼是人工智慧、機器學習和深度學習，以及三者之間的差異；我們也在日常生活中看到了由這些技術開發的應用程式，接下來又更深入探討為什麼深度學習現在才變得那麼流行，最後，進一步對深度學習的框架 PyTorch 做了一個簡單介紹。

下一章將使用 PyTorch 來訓練我們第一個神經網路。

LEARNING

02

神經網路的構件

理解神經網路的基本組成部分，如張量、張量運算和梯度遞減等，對建構複雜的神經網路非常重要。本章將建立第一個神經網路的 Hello world 程式，並涵蓋以下主題：

- 安裝 PyTorch
- 實作第一個神經網路
- 將神經網路拆解為功能模組
- 介紹張量、變數、autograd、梯度和優化器等基本建構模組
- 使用 PyTorch 載入資料

2.1 安裝 PyTorch

PyTorch 可以作為 Python 套件使用，用戶可以使用 `pip` 或 `conda` 來建立，或者從原始程式碼著手。本書推薦使用 Anaconda Python 3 發行版，要安裝 Anaconda，請參考 Anaconda 官方文件。所有範例將在本書的 GitHub 儲存庫中以 Jupyter Notebook 的形式提供。強烈建議使用 Jupyter Notebook，因為它可以讓你進行互動。如果已經安裝了 Anaconda Python，那麼可以繼續 PyTorch 安裝的後續步驟。

❶ GPU 的 Cuda 8 版安裝：

```
conda install pytorch torchvision cuda80 -c soumith
```

❷ GPU 的 Cuda 7.5 版安裝：

```
conda install pytorch torchvision -c soumith
```

❸ 非 GPU 版的安裝：

```
conda install pytorch torchvision -c soumith
```

在寫作本書時，PyTorch 還不支援 Windows，所以可以嘗試使用**虛擬機器（virtual machine, VM）**或 Docker 映像。

2.2 實作第一個神經網路

下面是本書介紹的第一個神經網路，它將學習如何將訓練範例（即輸入陣列）映射（map）成目標（即輸出陣列）。假設我們為最大的線上公司之一 **Wondermovies** 工作（該公司依客戶需要提供影片服務），訓練資料集包含了一個特徵，即用戶在平台上觀看電影的平均時間，而網路將依此預測每個用戶下週使用平台的時間。這只是個假想的使用案例，讀者不需要深入思索。建立解決方案的主要分解活動如下：

- **準備資料**：get_data 函數準備輸入和輸出張量（陣列）。
- **建立學習參數**：get_weights 函數提供以隨機值初始化的張量，我們將透過最佳化這些參數來解決問題。
- **網路模型**：simple_network 函數應用線性規則為輸入資料產生輸出，計算時先用權重乘以輸入資料，再加上偏差（$y = wx + b$）。
- **損失**：loss_fn 函數提供了評估模型優劣的資訊。
- **優化器**：optimize 函數用於調整初始的隨機權重，並幫助模型更準確地計算目標值。

如果大家剛接觸機器學習，不用著急，到本章結束時將會真正理解每個函數的作用。下面這些從 PyTorch 程式碼抽取出來的函數，有助於更容易理解神經網路，我們將逐一詳細討論這些函數。前面提到的分解活動對大多數機器學習和深度學習問題而言都是相同的。接下來的章節將會探討實際應用的各類技術，可用於改善各項功能。

神經網路的線性迴歸方程式如下：

$$y = wx + b$$

用 PyTorch 編寫如下：

```
x,y = get_data() #x - 表示訓練資料，y - 表示目標變數

w,b = get_weights() #w,b - 學習參數

for i in range(500):
    y_pred = simple_network(x) #計算 wx + b 的函數
    loss = loss_fn(y,y_pred) #計算 y 和 y_pred 平方差的總和
if i % 50 == 0:
        print(loss)
    optimize(learning_rate) #調整 w,b，將損失最小化
```

到本章結束時，你會瞭解到每個函數的作用。

2.2.1 準備資料

PyTorch 提供了兩種類型的資料抽象，稱為**張量（tensor）**和**變數（variable）**。張量類似於 numpy 中的陣列，它們也可以在 GPU 上使用，並能夠改善效能。資料抽象提供了 GPU 和 CPU 的簡易切換。對某些運算，我們會注意到兩件事，一是效能提高了，二是唯有資料表示成數字的張量時，機器學習演算法才能理解不同格式的資料。張量類似 Python 的陣列，並可以改變大小；例如，圖片可以表示成三維陣列（高、寬、通道 RGB），深度學習中使用多至五個維度的張量表示，也是很常見的。一些常用的張量如下：

- 標量（scalar，零維張量）
- 向量（vector，一維張量）
- 矩陣（matrix，二維張量）
- 三維張量
- 切片張量
- 四維張量
- 五維張量
- GPU 張量

標量（0 維張量）

只有包含一個元素的張量稱之為**標量（scalar）**。標量的型別通常是 FloatTensor 或 LongTensor。在本書寫作時，PyTorch 還沒有特別的零維張量，因此，我們使用包含一個元素的一維張量來表示：

```
x = torch.rand(10)
x.size()

Output - torch.Size([10])
```

向量（一維張量）

向量（vector）只不過是一個元素序列的陣列。例如，可以使用向量儲存上週的平均溫度：

```
temp = torch.FloatTensor([23,24,24.5,26,27.2,23.0])
temp.size()

Output - torch.Size([6])
```

矩陣（二維向量）

大多數結構化資料都可以表示為表格或**矩陣（matrix）**。我們使用「波士頓房價」（Boston House Prices）的資料集，它包含在 Python 的機器學習套件 scikit-learn 中。資料集是一個包含了 506 個樣本或列的 numpy 陣列，其中每個樣本用 13 個特徵表示。Torch 提供了一個工具函數 from_numpy()，它將 numpy 陣列轉換成 torch 張量，其結果張量的形狀為 506 列 ×13 行：

```
boston_tensor = torch.from_numpy(boston.data)
boston_tensor.size()

Output: torch.Size([506, 13])

boston_tensor[:2]

Output:
Columns 0 to 7
   0.0063 18.0000 2.3100 0.0000 0.5380 6.5750 65.2000 4.0900
   0.0273 0.0000 7.0700 0.0000 0.4690 6.4210 78.9000 4.9671

Columns 8 to 12
   1.0000 296.0000 15.3000 396.9000 4.9800
   2.0000 242.0000 17.8000 396.9000 9.1400
[torch.DoubleTensor of size 2x13]
```

三維張量

當我們把多個矩陣累加在一起時，就得到一個三維張量。三維張量可以用來呈現看似資料的圖片。圖片可以表示成矩陣中堆疊在一起的數字。例如，一張圖的形狀是 224,224,3，其中第一個數字表示高度，第二個數字表示寬度，第三個表示通道數（RGB）。我們來看看電腦是如何識別大熊貓的，其程式碼片段如下：

```
from PIL import Image
#使用 PIL 套件從磁碟讀入熊貓圖片並轉成 numpy 陣列
panda = np.array(Image.open('panda.jpg').resize((224,224)))
panda_tensor = torch.from_numpy(panda)
panda_tensor.size()

Output - torch.Size([224, 224, 3])
#顯示熊貓
plt.imshow(panda)
```

由於顯示大小為 224,224,3 的張量會佔用本書很多篇幅，因此我們將圖 2.1 所示的圖片，切片成較小的張量來顯示。

■ 圖 2.1　顯示的影像

切片張量

張量的一個常見操作是切片（slice）。舉個簡單的例子，我們可以選擇一維張量的前五個元素，張量名稱就叫作 sales。我們使用一種簡單的記號 sales[:slice_index]，其中 slice_index 表示要進行切片的張量位置：

```
sales =
torch.FloatTensor([1000.0,323.2,333.4,444.5,1000.0,323.2,333.4,444.5])

sales[:5]
 1000.0000
  323.2000
  333.4000
  444.5000
 1000.0000
[torch.FloatTensor of size 5]

sales[:-5]
 1000.0000
  323.2000
  333.4000
[torch.FloatTensor of size 3]
```

我們來對熊貓圖片做些更有趣的處理吧，例如，只選擇一個通道時熊貓影像的樣子，以及如何選擇熊貓的臉部。

下面是只選擇熊貓圖片的一個通道：

```
plt.imshow(panda_tensor[:,:,0].numpy())
#0 表示 RGB 中的第一個通道
```

其輸出如圖 2.2 所示：

■ 圖 2.2　選擇一個通道時熊貓圖片的樣子

現在，來剪裁圖片。假設要建構一個熊貓的臉部偵測器，我們只需要熊貓圖片的臉部部分。我們剪裁張量圖片，讓它只包含熊貓臉部：

```
plt.imshow(panda_tensor[25:175,60:130,0].numpy())
```

輸出如圖 2.3 所示：

■ 圖 2.3

另一個常見的例子是，需要取得張量的某個特定元素：

```
#torch.eye(shape) 產生一個對角線元素為 1 的對角矩陣
sales = torch.eye(3,3)
sales[0,1]

Output- 0.00.0
```

第 5 章在討論使用卷積神經網路建立影像分類器時，將再次用到圖片資料。

> NOTE
>
> PyTorch 的大多數張量運算都和 NumPy 運算非常類似。

四維張量

四維張量類型的一個常見例子是圖片批次。為了在多個範例上執行相同操作的速度變得更快，現代的 CPU 和 GPU 都進行了優化，所以處理一張或一組圖片的時間相差並不大，因此使用批次的例子比一次只用單張圖的情形更加普遍。此外，對於批次大小的選擇並非一目了然，它取決於多個因素。不使用更大的批次尺寸或完整資料集的主要因素是 GPU 的記憶體限制，16、32 和 64 是經常使用的批次尺寸。

舉例來說，載入一批 64×224×224×3 的貓咪圖片，其中 64 表示批次尺寸或圖片數量，兩個 224 分別表示高和寬，3 表示通道數：

```
#從磁碟讀取貓咪圖片
cats = glob(data_path+'*.jpg')
#將圖片轉換成 numpy 陣列
cat_imgs = np.array([np.array(Image.open(cat).resize((224,224))) for cat in
cats[:64]])
cat_imgs = cat_imgs.reshape(-1,224,224,3)
cat_tensors = torch.from_numpy(cat_imgs)
cat_tensors.size()

Output - torch.Size([64, 224, 224, 3])
```

五維張量

可能需要使用到五維張量的一個普遍例子就是影片資料。影片可以分為幀（frame），例如，一個長度 30 秒的熊貓玩球影片，可能包含 30 幀——可以表示成形狀為（1×30×224×224×3）的張量。一批這樣的影片可以表示成形狀為（32×30×224×224×3）的張量——例子中的 30 表示每個影片剪輯中包含的幀數，32 表示影片剪輯的數量。

GPU 上的張量

我們已經學習了如何用張量表示法表示不同形式的資料。有了張量格式的資料後，可以進行的一些常見運算，像是加、減、乘、點積（dot product）、矩陣乘法等的這些操作都可以在 CPU 或 GPU 上執行。PyTorch 提供了一個名為 cuda() 的簡單函數，將張量從 CPU 複製到 GPU。我們來看一下其中的一些操作，並比較矩陣乘法運算在 CPU 和 GPU 上的效能差異。

張量的加法運算可用以下程式碼實作：

```
#執行張量加法運算的不同方式
a = torch.rand(2,2)
b = torch.rand(2,2)
c = a + b
d = torch.add(a,b)
#和自身相加
a.add_(5)

#不同張量之間的乘法

a*b
a.mul(b)
#和自身相乘
a.mul_(b)
```

對於張量矩陣乘法，我們比較一下程式碼在 CPU 和 GPU 上的效能。所有張量都可以透過呼叫 cuda() 函數轉移到 GPU 上。

GPU 上的乘法運算執行如下：

```
a = torch.rand(10000,10000)
b = torch.rand(10000,10000)

a.matmul(b)

Time taken: 3.23 s

#將張量轉移到 GPU
a = a.cuda()
b = b.cuda()

a.matmul(b)

Time taken: 11.2 µs
```

加、減和矩陣乘法這些基礎運算可以用於建立複雜的運算，例如**卷積神經網路**（convolution neural network, CNN）和**遞迴神經網路**（recurrent neural network, RNN），本書後面的章節將會進行相關說明。

變數

深度學習演算法經常表示成計算圖。圖 2.4 所示為一個變數計算圖的簡單例子，是我們在範例中所建立的。

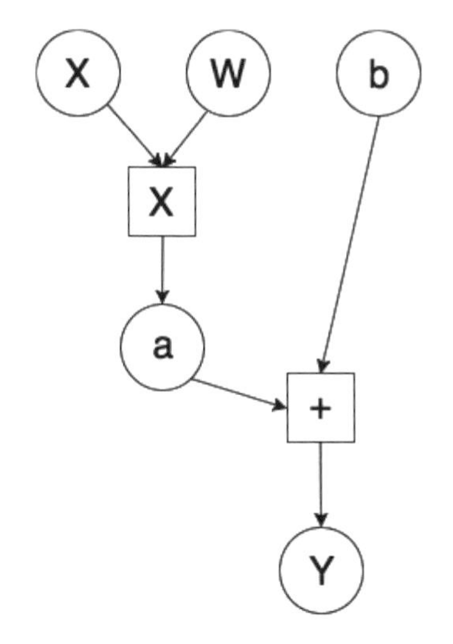

■ 圖 2.4　變數計算圖

在圖 2.4 所示的計算圖中，每個小圓圈表示一個變數，變數形成了一個輕量包裝（thin wrapper），將張量物件、梯度，以及建立張量物件的函數參照封裝起來。圖 2.5 所示為 `Variable` 類別的元件：

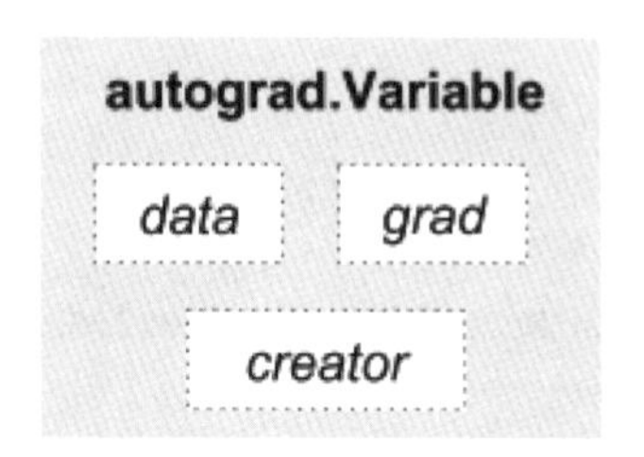

■ 圖 2.5　Variable 類別

梯度（gradient）是指 `loss` 函數相對於各個參數（**W, b**）的變化率。例如：**a** 的梯度如果是 2，那麼 **a** 值的任何變化都會導致 **Y** 值有兩倍的變動。如果你無法理解，不必著急——大多數深度學習框架都會替我們代為計算梯度值。本章中，我們將學習如何使用梯度來改善模型的效能。

除了梯度，變數還參照了建立它的函數，相應地也就指明了每個變數是如何建立的。例如，變數 a 帶有的資訊表明它是由 x 和 w 的積產生。

讓我們看一個例子，建立變數並檢查梯度和函數參照：

```
x = Variable(torch.ones(2,2),requires_grad=True)
y = x.mean()

y.backward()

x.grad
Variable containing:
 0.2500  0.2500
 0.2500  0.2500
[torch.FloatTensor of size 2x2]

x.grad_fn
Output - None

x.data
 1 1
 1 1
[torch.FloatTensor of size 2x2]

y.grad_fn
<torch.autograd.function.MeanBackward at 0x7f6ee5cfc4f8>
```

在上面的例子中，我們在變數上呼叫了 backward 操作來計算梯度。預設情況下，變數的梯度是 none。

變數中的 grad_fn 指向了建立它的函數。變數被用戶建立後，就像例子中的 x 一樣，其函數參照為 None。對於變數 y，它指向的函數參照是 MeanBackward。

屬性 Data 用於獲取變數相關的張量。

2.2.2 為神經網路建立資料

第一個神經網路中的 get_data 函數建立了兩個變數：x 和 y，尺寸為 (17, 1) 和 (17)。我們來看函數內部的構造：

```
def get_data():
    train_X =
np.asarray([3.3,4.4,5.5,6.71,6.93,4.168,9.779,6.182,7.59,2.167,
                         7.042,10.791,5.313,7.997,5.654,9.27,3.1])
    train_Y =
np.asarray([1.7,2.76,2.09,3.19,1.694,1.573,3.366,2.596,2.53,1.221,
                         2.827,3.465,1.65,2.904,2.42,2.94,1.3])
    dtype = torch.FloatTensor
    X =
Variable(torch.from_numpy(train_X).type(dtype),requires_grad=False).view(17
,1)
    y = Variable(torch.from_numpy(train_Y).type(dtype),requires_grad=False)
    return X,y
```

建立學習參數

在前面神經網路的例子中，共有兩個學習參數：w 和 b，還有兩個不變的參數：x 和 y。我們已在 get_data 函數中建立了變數 x 和 y。使用隨機值初始化並建立學習參數，其中參數 require_grad 的值設為 True，這與變數 x 和 y 不同，變數 x 和 y 建立時 require_grad 的值是 False。初始化學習參數有不同的方法，我們將在後續章節進一步說明。下面列出的是 get_weights 函數程式碼：

```
def get_weights():
    w = Variable(torch.randn(1),requires_grad = True)
    b = Variable(torch.randn(1),requires_grad = True)
    return w,b
```

前面的程式碼大部分是一目了然，其中 torch.randn 函數為任意指定形狀建立隨機值。

神經網路模型

使用 PyTorch 變數定義了輸入和輸出後，就要建立模型來學習如何將輸入映射（map）到輸出。在傳統的程式設計中，我們手動編寫具有不同邏輯的函數程式碼，將輸入映射到輸出。然而，在深度學習和機器學習中，是透過把輸入和相關的輸出示範給模型，讓模型完成函數的學習。我們的例子中，在線性關係的假定下，實作了嘗試把輸入映射為輸出的簡單神經網路。線性關係可以表示為 $y = wx + b$，其中 w 和 b 是學習參數。網路要學習 w 和 b 的值，這樣 $wx + b$ 才能更接近真實的 y 值。圖 2.6 是訓練集以及神經網路要學習的模型示意圖：

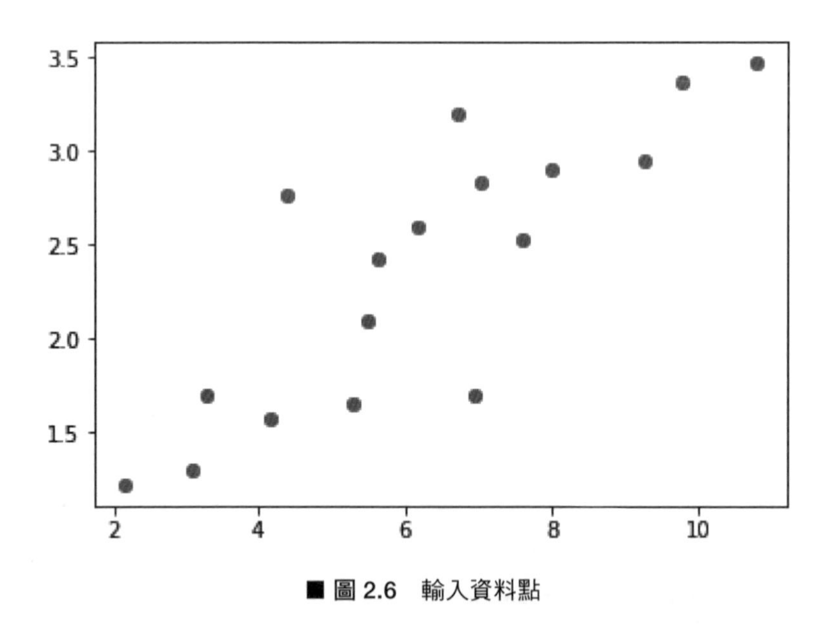

■ 圖 2.6　輸入資料點

圖 2.7 表示和輸入資料點擬合的線性模型：

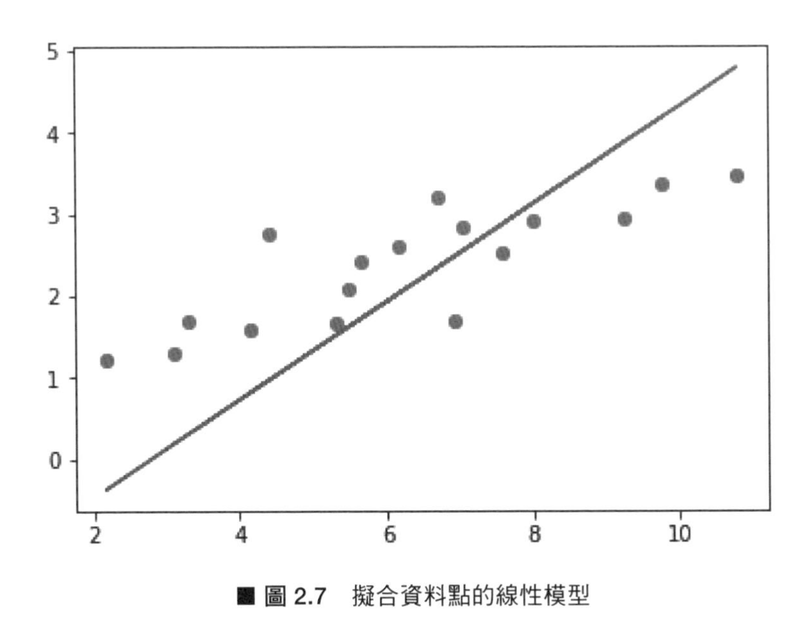

■ 圖 2.7　擬合資料點的線性模型

圖中的深灰（彩色原圖為藍）色線表示網路學習到的模型。

網路的實作

現在已經有了實作網路所需的所有參數（x、w、b 和 y），我們對 w 和 x 做矩陣乘法，然後再把結果與 b 求得總和，這樣就得到了預測值 y。函數實作如下：

```
def simple_network(x):
    y_pred = torch.matmul(x,w)+b
    return y_pred
```

PyTorch 在 torch.nn 中提供了稱為**層（layer）**的進階抽象，層將負責大部分常見技術都需要用到的後台初始化和運算工作。這裡使用較低層的操作是為了理解函數內部的構造。在「第 5 章 _ 應用於電腦視覺的深度學習」和「第 6 章 _ 序列資料與文字的深度學習」中，我們將用 PyTorch 抽象出來的層來建立複雜的神經網路或函數。前面的模型可以表示為 torch.nn 層，如下：

```
f = nn.Linear(17,1)  #簡單很多
```

我們已經計算出了 y 值，接下來要瞭解模型的效能，必須透過 loss 函數評估。

損失函數（loss function）

由於我們的學習參數 w 和 b 以隨機值開始，產生的結果 y_pred，必定和 y 的真實值相去甚遠。因此需要定義一個函數，來告知模型預測值和真實值的差距為何。由於這是一個迴歸問題，我們使用一個叫做**誤差平方和（sum of squared error, SSE，也稱為和方差）**的損失函數，對 y 的預測值和真實值之差求平方。SSE 有助於模型評估預測值和真實值的擬合程度。torch.nn 函式庫中有不同的損失函數，如均方差（mean square error, MSE，又稱方差）損失和交叉熵（cross-entropy）損失，但是在本章，讓我們自己來實作 loss 函數：

```
def loss_fn(y,y_pred):
    loss = (y_pred-y).pow(2).sum()
    for param in [w,b]:
        if not param.grad is None: param.grad.data.zero_()
    loss.backward()
    return loss.data[0]
```

除了計算損失值，我們還進行了 backward 操作，計算出了學習參數 w 和 b 的梯度。由於我們會不止一次使用 loss 函數，因此透過呼叫 grad.data.zero_() 方法來清除前面計算出的梯度值。在第一次呼叫 backward 函數的時候，梯度是空的，因此只有當梯度不為 None 時才將梯度值設為 0。

最佳化神經網路

前面例子中的演算法使用隨機的初始權重來預測目標，並計算損失，最後呼叫 loss 變數上的 backward 函數計算梯度值，這個過程稱為一次 epoch，意思就是，每次迭代都在整個範例集合上重覆整個過程。在多數的實際應用中，每次迭代都要對整個

資料集的一個小子集進行最佳化操作。損失值計算出來後，用計算出的梯度值進行最佳化，以讓損失值降低。優化器透過下面的函數實作：

```
def optimize(learning_rate):
    w.data -= learning_rate * w.grad.data
    b.data -= learning_rate * b.grad.data
```


學習率是一個超參數，可以讓用戶透過較小的梯度值變化來調整變數的值，其中梯度提供了每個變數（w 和 b）需要調整的方向。

不同的優化器，如 Adam、RmsProp 和 SGD，已在 torch.optim 套件中實作好，在後面的章節中，我們將使用這些優化器來降低損失或提高準確率。

2.2.3 載入資料

為深度學習演算法準備資料，本身就可能是一件極為複雜的程序。PyTorch 提供了很多工具類別，工具類別透過多執行緒（multi-threading）、資料增強（data-augmenting）和批次處理（batching）抽象出了如資料平行化等複雜性。本章將介紹兩個重要的工具類別：Dataset 類別和 DataLoader 類別。為了理解如何使用這些類別，我們從 Kaggle 網站（https://www.kaggle.com/c/dogs-vs-cats/data）上拿到 Dogs vs. Cats 資料集，並建立可以產生 PyTorch 張量形式的批次圖片資料管道。

Dataset 類別

任何自定義的資料集類別，例如 Dogs 資料集類別，都要繼承自 PyTorch 的資料集類別。自定義的類別必須實作兩個函數：__len__(self) 和 __getitem__(self,idx)。任何和 Dataset 類別表現類似的自定義類別，都應和下面的程式碼類似：

```
from torch.utils.data import Dataset
class DogsAndCatsDataset(Dataset):
    def __init__(self,):
        pass
    def __len__(self):
        pass
```

```
    def __getitem__(self,idx):
        pass
```

在 init 方法中，將進行任何需要的初始化，例如在本例中，讀取表格索引和圖片的檔案名稱。__len__(self) 運算負責返回資料集中的最大元素個數。__getitem__(self, idx) 運算根據每次呼叫時的 idx 返回對應元素。下面的程式碼實作了 DogsAndCatsDataset 類別：

```
class DogsAndCatsDataset(Dataset):
    def __init__(self,root_dir,size=(224,224)):
        self.files = glob(root_dir)
        self.size = size
    def __len__(self):
        return len(self.files)
    def __getitem__(self,idx):
        img = np.asarray(Image.open(self.files[idx]).resize(self.size))
        label = self.files[idx].split('/')[-2]
        return img,label
```

在定義了 DogsAndCatsDataset 類別後，可以建立一個物件並在物件上進行迭代，如下方的程式碼所示：

```
for image,label in dogsdset:
#在資料集上應用深度學習演算法
```

在單一的資料實例上應用深度學習演算法並不理想。我們需要一個批次資料，現代的 GPU 都對批次資料的執行進行了效能最佳化。DataLoader 類別透過提取出大部分複雜度來幫助我們建立批次資料。

DataLoader 類別

DataLoader 類別位於 PyTorch 的 utils 類別中，它將資料集物件和不同的取樣器聯合，如 SequentialSampler 和 RandomSampler，並使用單處理序或者多處理序的迭代器，為我們提供批次圖片。取樣器是為演算法提供資料的不同策略。下面是使用 DataLoader 處理 Dogs vs. Cats 資料集的例子：

```
dataloader = DataLoader(dogsdset,batch_size=32,num_workers=2)
for imgs , labels in dataloader:
    #在資料集上應用深度學習演算法
    pass
```


imgs 包含一個形狀為（32, 224, 224, 3）的張量，其中 32 表示批量大小（batch size）。

PyTorch 團隊也維護了兩個有用的程式庫，即 torchvision 和 torchtext，這兩個程式庫，它們是根據 Dataset 和 DataLoader 類別所建立的，我們將在相關章節使用它們。

2.3 小結

本章中，我們學習了 PyTorch 提供的多個資料結構和操作，並使用 PyTorch 的基礎架構模組實作了幾個元件。在資料準備上，我們建立了供演算法使用的張量，我們的網路架構是一個可以預測用戶使用 Wondermovies 平台平均時數的模型；我們使用 loss 函數檢查模型的效能，並使用 optimize 函數調整模型的學習參數，進而改善平台效能。

我們也瞭解了 PyTorch 如何透過抽象出資料平行化和資料增強的複雜度，讓建立資料管道的程序變得更簡單。

下一章將深入探討神經網路和深度學習演算法的原理，我們將學習 PyTorch 內建的幾個模組，用於建立網路架構、損失函數和優化器，也將示範如何在真實資料集上使用它們。

LEARNING

03

深入瞭解神經網路

本章將介紹深度學習架構的不同模組，以解決實務問題。前一章使用了 PyTorch 的低層功能建構了網路架構、損失函數和優化器這些模組，本章將介紹用於解決實務問題的神經網路之必需元件，同時也會探討 PyTorch 如何透過提供大量進階函數來抽象出複雜度。本章的最後將說明如何建立演算法，用於解決像是迴歸、二元分類、多類別分類等實務問題。

本章將會討論以下主題：

- 詳解神經網路的不同構件
- 探究 PyTorch 中用於建構深度學習架構的進階功能
- 應用深度學習解決實際的影像分類問題

3.1 詳解神經網路的構件

上一章已經介紹過，訓練深度學習演算法需要的幾個步驟：

1. 建構資料管道
2. 建立網路架構
3. 使用損失函數評估架構
4. 使用最佳化演算法，優化網路架構的權重

上一章的網路是由一個簡單線性模型組成，而該模型是用 PyTorch 數值運算所建構的。雖然使用數值運算替遊戲性質的問題搭建神經架構很簡單，但如果需要建立一個架構來解決不同領域的複雜問題時，像是電腦視覺和**自然語言處理（natural language processing, NLP）**，那麼這件事就會迅速變得複雜起來了。大多數深度學習框架，例如 PyTorch、TensorFlow 和 Apache MXNet，都提供了抽象出很多複雜度的進階功能，這些深度學習框架的進階功能稱為**層（layer）**，它們接收輸入資料，進行如同在前面一章看到的各種轉換，並輸出資料。解決實務問題的深度學習架構通常由 1 至 150 個層組成，有時甚至更多。抽象出低層的運算並訓練深度學習演算法的過程，如圖 3.1 所示：

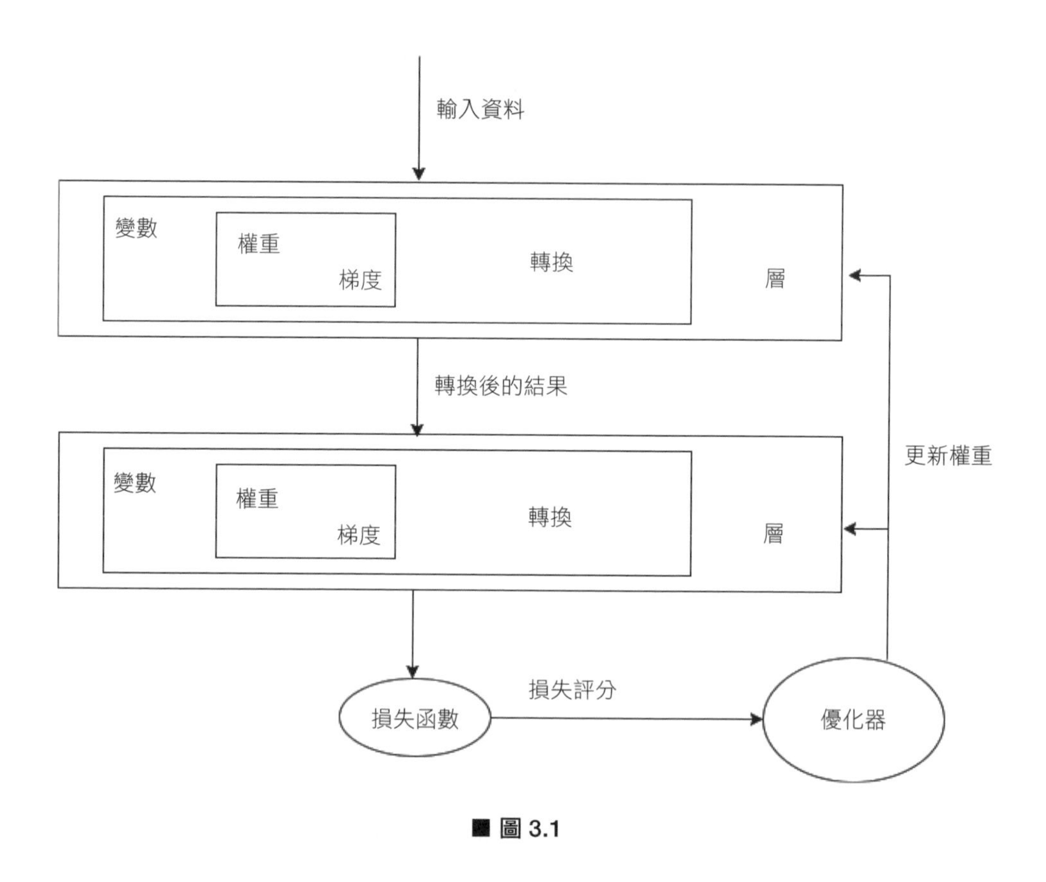

■ 圖 3.1

由上圖可以歸納出，任何深度學習都會涉及提取資料、建立架構——概指具有多層的網路結構、用損失函數評估模型的準確性，以及藉由最佳化網路的權重值來優化演算法。在進一步探究如何解決那些實際問題之前，有必要先瞭解由 PyTorch 所提供的進階抽象化方法，以架構這些網路層、損失函數與優化器。

3.1.1 層：神經網路的基本構件

在本章，我們會不斷看到各種不同類型的層。首先，要先瞭解其中最重要的一種層：線性層（linear layer），它就是我們前面講過的網路架構部分。線性層應用了線性轉換（linear transformation），如下：

$$Y = Wx + b$$

線性層之所以強大，是因為前一章所提到的功能都可以寫成單行的程式碼，如下所示：

```
from torch.nn import Linear
myLayer = Linear(in_features=10,out_features=5,bias=True)
```

上述程式碼中的 myLayer 層，接受大小為 10 的張量作為輸入，並在應用線性轉換後輸出一個大小為 5 的張量。下面是一個簡單例子的實作：

```
inp = Variable(torch.randn(1,10))
myLayer = Linear(in_features=10,out_features=5,bias=True)
myLayer(inp)
```

可以使用屬性 weights 和 bias 存取層的可訓練參數：

```
myLayer.weight

Output :
Parameter containing:
-0.2386 0.0828 0.2904 0.3133 0.2037 0.1858 -0.2642 0.2862 0.2874 0.1141
 0.0512 -0.2286 -0.1717 0.0554 0.1766 -0.0517 0.3112 0.0980 -0.2364 -0.0442
 0.0776 -0.2169 0.0183 -0.0384 0.0606 0.2890 -0.0068 0.2344 0.2711 -0.3039
 0.1055 0.0224 0.2044 0.0782 0.0790 0.2744 -0.1785 -0.1681 -0.0681 0.3141
 0.2715 0.2606 -0.0362 0.0113 0.1299 -0.1112 -0.1652 0.2276 0.3082 -0.2745
[torch.FloatTensor of size 5x10]

myLayer.bias

Output :
Parameter containing:
-0.2646
-0.2232
 0.2444
 0.2177
 0.0897
[torch.FloatTensor of size 5
```

線性層在不同的框架中使用的名稱有所不同，有的稱為 **dense 層**，有的稱為**全連接層（fully connected layer）**；用於解決實務中使用案例的深度學習架構，通常包含不止一層。在 PyTorch 中，可以用多種方式實作。

有一個簡單的方法是，把一層的輸出傳入另一層：

```
myLayer1 = Linear(10,5)
myLayer2 = Linear(5,2)
myLayer2(myLayer1(inp))
```

每一層都有自己的學習參數，這在多層架構中所隱含的意義是，每一層都學習出它本層一定的模式，其後的層將根據前一層學習出的模式來建構。只把線性層堆疊在一起是有問題的，因為它們不能學習到簡單線性表示以外的新東西。我們透過一個簡單的例子看一下，為什麼把線性層堆疊在一起的做法並不合理。

假設現在有下列權重（weight）的兩個線性層：

層	權重 1
Layer1	3.0
Layer2	2.0

以上包含兩個不同層的架構，可以簡單表示為帶有另一個不同層的單層結構，因此，只是堆疊多個線性層並不能幫助我們的演算法學習任何新東西。或許這不太容易理解，這種時候我們可以用下面的數學公式對架構進行視覺化處理：

$$Y = 2(3X_1) - 2\ Linear\ layers$$

$$Y = 6(X_1) - 1\ Linear\ layers$$

為解決這個問題，我們可以使用不同的非線性函數，幫助學習不同的關係，而不是只專注於線性關係。

深度學習中有很多不同的非線性函數，PyTorch 以層的形式提供了這些非線性功能，我們可以採用線性層中相同的方法來使用它們。

這裡列出了一些流行的非線性函數：

- sigmoid
- tanh
- ReLU
- Leaky ReLU

3.1.2 非線性激勵函數

非線性激勵函數（non-linear activation function）是提取輸入，然後對其運用數學轉換進而產生輸出的函數。我們在實戰中會遇到一些非線性操作，下面將介紹其中幾個常用的非線性激勵函數。

sigmoid

sigmoid 激勵函數的數學定義很簡單，如下方所示：

$$\sigma(x) = 1/(1 + e^{-x})$$

簡單來說，sigmoid 函數以實數值作為輸入，並以一個介於 0 到 1 之間的數值作為輸出。對於一個極大的負值，它返回的值接近於 0；而對於一個極大的正值，它返回的值接近於 1。圖 3.2 所示為 sigmoid 函數不同的輸出：

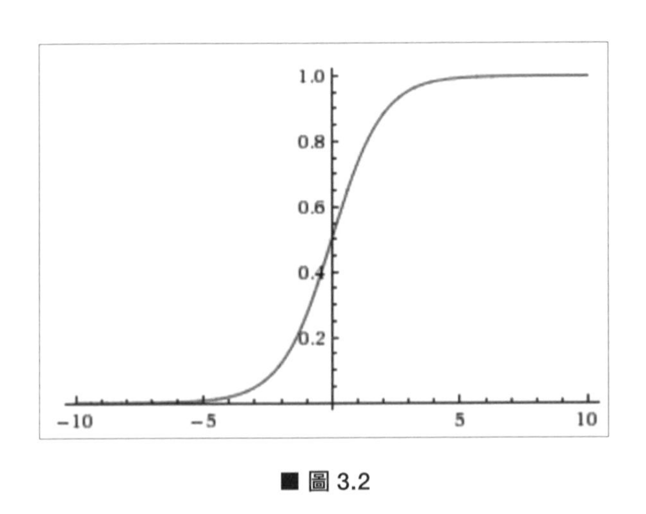

■ 圖 3.2

sigmoid 函數曾一度被不同的架構使用，但由於存在一個重大缺點，因此最近已經不太常用了。當 sigmoid 函數的輸出值接近 0 或 1 時，sigmoid 函數前一層的梯度會接近 0，由於前一層的學習參數梯度接近於 0，使得權重不能經常調整，進而產生了無效神經元（dead neuron）。

◎ tanh

非線性函數 tanh 將實數值輸出轉換為 -1 到 1 之間的值。當 tanh 的輸出極值（extreme value）接近 -1 和 1 時，也同樣面臨了梯度飽和的問題。不過，因為 tanh 的輸出是以 0 為中心，所以比 sigmoid 更受歡迎，如圖 3.3 所示：

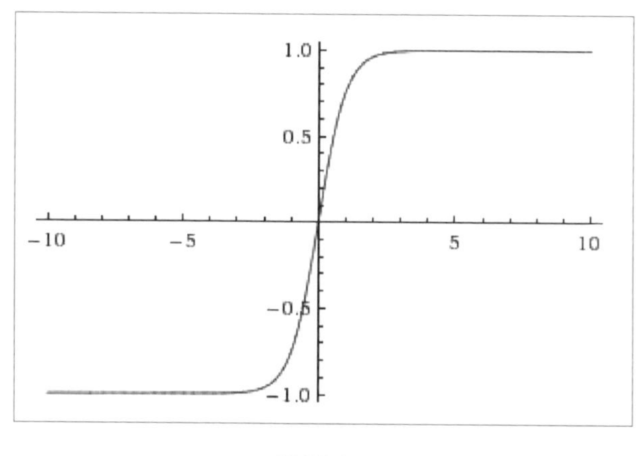

■ 圖 3.3

ReLU

近年來 ReLU 變得很受歡迎，幾乎在任何一個現代架構中都可以找到 ReLU 或它某一個變體的身影。它的數學公式很簡單：

$$f(x)=max(0,x)$$

簡單來說，ReLU 把所有輸入負值都取作 0，正值則保持不變。我們可以對 ReLU 函數進行視覺化，如圖 3.4 所示：

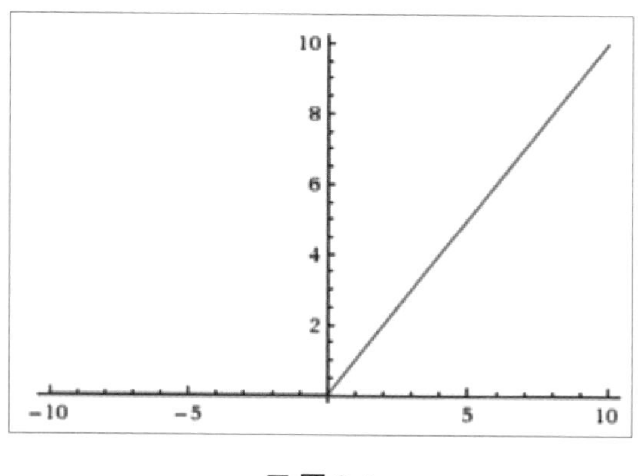

■ 圖 3.4

使用 ReLU 函數的一些好處和缺點如下：

- 有助於優化器更快找到正確的權重集合。從技術上來說，它使隨機梯度下降收斂得更快。
- 計算成本低，因為只是判斷了閾值（threshold），並未計算任何類似於 sigmoid 或 tangent 函數計算的內容。
- ReLU 有一個缺點：當一個很大的梯度進行反向傳播（backward propagation）時，流經的神經元經常會變得無回應，這些神經元稱為**無效神經元（dead neutron）**，但可以透過謹慎選擇學習率來控制。我們將在「第 4 章 _ 機器學習基礎」中討論調整學習率的不同方式時，瞭解如何選擇學習率。

Leaky ReLU

Leaky ReLU 嘗試解決一個問題死角，它不再將飽和度置為 0，而是設為一個非常小的數值，如 0.001。對於某些使用案例，這個激勵函數提供了相較於其他激勵函數更優異的效能，但它不是持續的。

3.1.3 PyTorch 中的非線性激勵函數

PyTorch 已為我們實作了大部分常用的非線性激勵函數，我們可以像使用任何其他層那樣使用它們。讓我們快速看一個在 PyTorch 中使用 `ReLU` 激勵函數的例子：

```
sample_data = Variable(torch.Tensor([[1,2,-1,-1]]))
myRelu = ReLU()
myRelu(sample_data)

Output :

Variable containing:
 1 2 0 0
[torch.FloatTensor of size 1x4]
```

在上面這個例子中，輸入是包含兩個正值、兩個負值的張量，對其呼叫 ReLU 函數，負值將取為 0，正值則保持不變。

現在我們已經瞭解了建立神經網路架構的大部分細節，那麼我們就來建立一個可用於解決實務問題的深度學習架構。上一章我們使用了簡單的方法，因此可以只關注深度學習演算法如何運作。後面將不再用這種方式建立架構，而是應用 PyTorch 時正常該採取的方式。

◯ PyTorch 建立深度學習演算法的方式

PyTorch 中所有網路都實作為類別，先建立一個 PyTorch 類別的子類 nn.Module，並實作 __init__ 和 forward 方法。在 init 函數中，我們將層初始化，像是 linear 層，這點已在前一節說明過。在 forward 方法中，我們把輸入資料傳給 init 方法初始化的層，並返回最終的輸出。非線性函數經常被 forward 函數直接使用，init 方法也會使用到一些。下面的程式碼片段示範了深度學習架構是如何用 PyTrorch 進行實作的：

```
class MyFirstNetwork(nn.Module):
    def __init__(self,input_size,hidden_size,output_size):
        super(MyFirstNetwork,self).__init__()
        self.layer1 = nn.Linear(input_size,hidden_size)
        self.layer2 = nn.Linear(hidden_size,output_size)
    def __forward__(self,input):
        out = self.layer1(input)
        out = nn.ReLU(out)
        out = self.layer2(out)
        return out
```

如果你是 Python 新手，上述程式碼可能會比較難懂，換個方式說明：它所要做的事就是繼承一個父類別，並實作父類別中的兩個方法。在 Python 中，我們將父類別的名稱作為參數傳入來建立子類別；init 方法就相當於 Python 中的建構子（constructor），而 super 方法用於將子類別的參數傳給父類別，在我們的例子中，父類別就是 nn.Module。

不同機器學習問題的模型架構

待解決的問題種類，主要決定了我們將要使用哪些層，例如，處理序列資料問題的模型會從線性層開始，一直到**長短期記憶（long short-term memory, LSTM）**層。根據要解決的問題類型，最後一層是確定的。使用機器學習或深度學習演算法解決的問題通常有三類，最後一層的情況通常如下：

- 對於迴歸問題，例如預測 T 恤的銷售價格，使用的最後一層，是有一個輸出的線性層，輸出的結果則是一個連續值。
- 要將一張特定圖片歸類為 T 恤或襯衫，你可以使用 sigmoid 激勵函數，因為它的輸出值不是接近 1 就是接近 0，這種問題通常稱為**二元分類問題（binary classification problem）**。
- 對於多類別分類問題，例如，必須把特定圖片歸類為 T 恤、牛仔褲、襯衫或連身裙，你可以把 softmax 層做為網路的最後一層。讓我們拋開數學原理，直觀地理解 softmax 的作用。舉例來說，它從前一個線性層提取輸入，並輸出給定範例的機率。在我們的例子中，會訓練它預測每張圖片類型的四種機率。記住，所有機率相加的總和必然為 1。

損失函數

一旦定義好了網路架構，還剩下最重要的兩個步驟：第一個步驟是評估網路執行特定的迴歸或分類任務時表現的優異程度，另一個步驟是最佳化權重。

優化器（梯度下降）通常接受一個標量值，因此 `loss` 函數應產生一個標量值，並使其在訓練期間最小化。在某些使用案例，例如預測道路上障礙物的位置並判斷其是否為行人，需要用到兩個或更多損失函數。即使在這樣的情境下，我們也需要把損失組合成一個標量值，讓優化器可以將它最小化。最後一章將會詳細討論把多個損失值組合成一個標量的真實例子。

上一章中，我們定義了自己的 `loss` 函數。PyTorch 提供了經常使用的 `loss` 函數實作方法，現在讓我們來看看迴歸和分類問題的 `loss` 函數。

迴歸問題經常使用的 loss 函數是**均方誤差**（mean square error, MSE），它和前一章實作的 loss 函數相同。可以在 PyTorch 中實作此 loss 函數，如下所示：

```
loss = nn.MSELoss()
input = Variable(torch.randn(3, 5), requires_grad=True)
target = Variable(torch.randn(3, 5))
output = loss(input, target)
output.backward()
```

對於分類問題，我們使用交叉熵（cross-entropy）損失函數。在介紹交叉熵的數學原理之前，讓我們先來瞭解交叉熵損失函數所做的事情。它計算分類網路的損失值以便預測機率，損失總和應為 1，就像 softmax 層一樣。當預測機率從正確機率發散時，交叉熵損失會增加。例如，如果我們的分類演算法對圖 3.5 是貓的預測機率值為 0.1，而實際上這是一隻熊貓，那麼交叉熵損失值就會更高。如果預測的結果和真實標籤相近，那麼交叉熵損失會較低。

■ 圖 3.5

下面是用 Python 程式碼實作這種場景的例子：

```
def cross_entropy(true_label, prediction):
    if true_label == 1:
        return -log(prediction)
    else:
        return -log(1 - prediction)
```

在分類問題中使用交叉熵損失，我們真的不需要擔心內部的情形，只要記住一件事：預測差時損失值高、預測好時損失值低。PyTorch 提供了 loss 函數的實作，可以按照下列方式使用：

```
loss = nn.CrossEntropyLoss()
input = Variable(torch.randn(3, 5), requires_grad=True)
target = Variable(torch.LongTensor(3).random_(5))
output = loss(input, target)
output.backward()
```

PyTorch 包含的其他 loss 函數，請參見表 3.1：

表 3.1　PyTorch 的一些 loss 函數

L1 loss	通常作為正則化器（regularizer）使用；第 4 章將進一步講解。
MSE loss	均方誤差損失，用於迴歸問題的損失函數。
cross-entropy loss	交叉熵損失，用於二元分類和多類別分類問題。
NLL Loss	用於分類問題，允許用戶使用特定的權重處理不平衡資料集。
NLL Loss2d	用於像素級分類，通常和影像分割問題有關。

◎ 優化網路架構

計算出網路的損失值後，需要優化權重值以減少損失，如此才能改善演算法準確率。為簡單起見，讓我們看看作為黑盒使用的優化器，它們接受損失函數和所有的學習參數，並做細微調整來改善網路效能。PyTorch 提供了深度學習中經常用到的大多數優化器，如果你想研究這些優化器內部的情形並瞭解其數學原理，強烈建議你瀏覽以下的部落格：

- http://colah.github.io/posts/2015-08-Backprop/
- http://ruder.io/deep-learning-optimization-2017/

PyTorch 提供的一些優化器：

- ADADELTA
- Adagrad
- Adam
- SparseAdam
- Adamax
- ASGD
- LBFGS
- RMSProp
- Rprop
- SGD

「第 4 章 _ 機器學習基礎」中將介紹更多演算法細節，以及它們的一些優勢和折中方案考量。讓我們看看建立任意 optimizer 的一些重要步驟。

```
optimizer = optim.SGD(model.parameters(), lr = 0.01)
```

在上面的例子中，建立了 SGD 優化器，它把網路的所有學習參數作為第一個參數，另外一個參數是學習率，學習率決定了學習參數的變化調整比率。「第 4 章 _ 機器學習基礎」將深入探討學習率和動量（momentum）的更多細節，它們是優化器的重要參數。一旦建立了優化器物件，就需要在循環中呼叫 zero_grad() 方法，以避免參數把上一次 optimizer 呼叫時建立的梯度加在一起：

```
for input, target in dataset:
    optimizer.zero_grad()
    output = model(input)
```

```
        loss = loss_fn(output, target)
        loss.backward()
        optimizer.step()
```

再一次呼叫 `loss` 函數的 `backward` 方法，計算梯度值（學習參數需要改變的量），然後呼叫 `optimizer.step()` 方法，用於真正改變調整學習參數。

現在已經講解了幫助電腦辨識影像所需要的大多數組件，接下來我們要建立一個可以區分狗和貓的複雜深度學習模型，實際應用前面所學習到的理論。

3.1.4 使用深度學習進行影像分類

不管解決什麼實務問題，最重要的步驟就是獲取資料。Kaggle 平台上提供了大量的資料科學競賽，讓有興趣的人挑戰解決各式各樣的問題。我們將挑選 2014 年所提供的一個問題，然後使用這個問題來測試本章的深度學習演算法，並在「第 5 章 _ 應用於電腦視覺的深度學習」中進行改進，根據**卷積神經網路（convolution neural network, CNN）**和一些可以使用的進階技術，來改善影像辨識模型的效能。大家可以從 `https://www.kaggle.com/c/dogs-vs-cats/data` 下載資料，這個資料集包含了 25,000 張貓和狗的圖片。在實作演算法前，資料需進行前處理（preprocess），並將資料集劃分為訓練、驗證和測試集，這些都是必須預先執行的重要步驟。資料下載完成後，可以看到對應資料夾包含了如圖 3.6 所示的圖片：

```
chapter3/
    dogsandcats/
        train/
            dog.183.jpg
            cat.2.jpg
            cat.17.jpg
            dog.186.jpg
            cat.27.jpg
            dog.193.jpg
```

■ 圖 3.6

當以圖 3.7 所示的格式提供資料時，大多數框架就可以更容易讀取圖片，並將它們按所屬標籤加以標記；也就是說，每一個類別應該有一個包含其所有圖片的獨立資料夾。在此範例中，所有貓的圖片都應位於 cat 資料夾內，而所有狗的圖片都應位於 dog 資料夾：

```
chapter3/
    dogsandcats/
        train/
            dog/
                dog.183.jpg
                dog.186.jpg
                dog.193.jpg
            cat/
                cat.17.jpg
                cat.2.jpg
                cat.27.jpg
        valid/
            dog/
                dog.173.jpg
                dog.156.jpg
                dog.123.jpg
            cat/
                cat.172.jpg
                cat.20.jpg
                cat.21.jpg
```

■ 圖 3.7

Python 可以輕鬆地將資料調整成需要的格式。請快速瀏覽一遍程式碼，然後，我們會講解重要的部分：

```
path = '../chapter3/dogsandcats/'

#讀取資料夾內的所有檔案
files = glob(os.path.join(path,'*/*.jpg'))

print(f'Total no of images {len(files)}')
```

```
no_of_images = len(files)

#建立一個亂數索引，用於建立驗證資料集
shuffle = np.random.permutation(no_of_images)

#建立一個 validation 目錄，保存驗證圖片集
os.mkdir(os.path.join(path,'valid'))

#使用標籤名稱建立目錄
for t in ['train','valid']:
     for folder in ['dog/','cat/']:
          os.mkdir(os.path.join(path,t,folder))

#將圖片的一小部分子集複製到 validation 資料夾
for i in shuffle[:2000]:
     folder = files[i].split('/')[-1].split('.')[0]
     image = files[i].split('/')[-1]
     os.rename(files[i],os.path.join(path,'valid',folder,image))

#將圖片的一小部分子集複製到 training 資料夾
for i in shuffle[2000:]:
     folder = files[i].split('/')[-1].split('.')[0]
     image = files[i].split('/')[-1]
     os.rename(files[i],os.path.join(path,'train',folder,image))
```

上述程式碼所做的處理，就是擷取所有圖片檔，並挑選出 2,000 張來建立驗證資料集，這個資料集把圖片分到 cats 和 dogs 這兩個類別目錄中。建立獨立的驗證集是一個慣用的重要實務做法，因為如果把用於訓練的資料集同時也拿來測試演算法並不恰當。為了建立 validation 資料集，我們要建立一個在圖片長度範圍內的數字列表，並把圖片做亂數排列。建立 validation 資料集時，可使用亂數排列的數字作為索引來挑選一組圖片；讓我們來詳細解釋每段程式碼。

下面的程式碼用於建立檔案：

```
files = glob(os.path.join(path,'*/*.jpg'))
```

glob 方法返回特定路徑的所有檔案。當圖片數量很龐大時，也可以使用 iglob，它返回一個迭代器，而不是將檔案名稱載入到記憶體中。在我們的例子中，只有 25,000 個檔案名稱，因此可以很容易載入到記憶體內。

可以使用下面的程式碼隨機排列檔案：

```
shuffle = np.random.permutation(no_of_images)
```

上述程式碼返回 25,000 個介於 0 ～ 25,000 的亂數排列數字，可以把它當作選擇圖片子集的索引，用來建立 validation 資料集。

我們可以建立驗證程式碼，如下所示：

```
os.mkdir(os.path.join(path,'valid'))
for t in ['train','valid']:
    for folder in ['dog/','cat/']:
        os.mkdir(os.path.join(path,t,folder))
```

上述程式碼建立了 validation 資料夾，並在 train 和 valid 目錄裡建立了不同類別資料夾（cats 和 dogs）。

可以用下面的程式碼對索引進行亂數排列：

```
for i in shuffle[:2000]:
    folder = files[i].split('/')[-1].split('.')[0]
    image = files[i].split('/')[-1]
    os.rename(files[i],os.path.join(path,'valid',folder,image))
```

在上面的程式碼中，我們使用亂數索引，隨機抽出 2000 張不同的圖片作為驗證集。同樣地，把訓練資料用到的圖片劃分到 train 目錄。

現在已經得到了需要格式的資料，我們來快速看一下如何把圖片載入成 PyTorch 張量。

◎ 把資料載入 PyTorch 張量

PyTorch 的 `torchvision.datasets` 套件，提供了一個 `ImageFolder` 的工具類別，當資料以前面提到的格式呈現時，它可以用於載入圖片及其關聯標籤；通常會需要進行下面的前處理步驟（preprossing step）：

1. 把所有圖片轉換成同樣大小。大多數深度學習架構都期望圖片具有相同的尺寸。
2. 用資料集的平均值和標準差（standard deviation）把資料集正規化。
3. 把圖片資料集轉換成 PyTorch 張量。

PyTorch 在 `transforms` 模組中提供了很多工具函數，進而簡化了這些前處理步驟。例如，進行下列三種轉換：

- 調整成 256 ×256 的影像尺寸
- 轉換成 PyTorch 張量
- 正規化資料（將在「第 5 章 _ 應用於電腦視覺的深度學習」探討如何獲得平均值和標準差）

下面的程式碼示範了如何使用 `ImageFolder` 類別進行轉換和載入圖片：

```
simple_transform=transforms.Compose([transforms.Scale((224,224)),
                                    transforms.ToTensor(),
                                    transforms.Normalize([0.485, 0.456,
0.406], [0.229, 0.224, 0.225])])
train = ImageFolder('dogsandcats/train/',simple_transform)
valid = ImageFolder('dogsandcats/valid/',simple_transform)
```

`train` 物件為資料集保留了所有的圖片和關聯標籤，它包含兩個重要的屬性：一個提供了類別與資料集的關聯索引之間的映射；另一個提供了類別列表：

- `train.class_to_idx - {'cat': 0, 'dog': 1}`
- `train.classes - ['cat', 'dog']`

把載入到張量中的資料視覺化通常會是最佳的實務做法。為了視覺化張量，必須對張量再次變形並將值去正規化（denormalize）。下面的函數實作了這樣的功能：

```
def imshow(inp):
    """Imshow for Tensor."""
    inp = inp.numpy().transpose((1, 2, 0))
    mean = np.array([0.485, 0.456, 0.406])
    std = np.array([0.229, 0.224, 0.225])
    inp = std * inp + mean
    inp = np.clip(inp, 0, 1)
    plt.imshow(inp)
```

現在，可以把張量傳入前面的 imshow 函數，將張量轉換成一張圖片：

```
imshow(train[50][0])
```

上述程式碼生成的輸出如圖 3.8 所示：

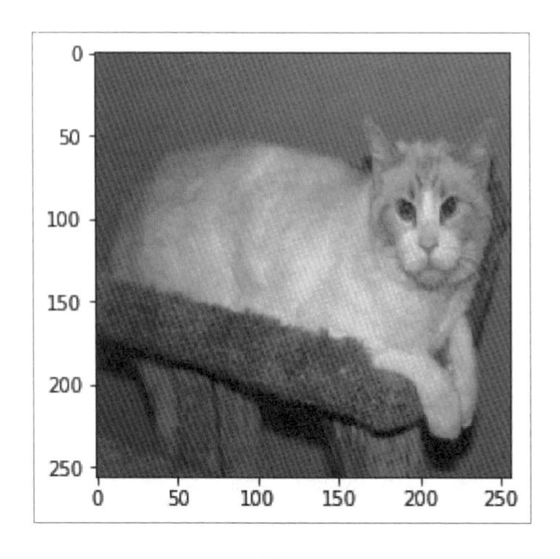

■ 圖 3.8

按批載入 PyTorch 張量

在深度學習或機器學習中，把圖片進行批次取樣是一個通用實務做法，因為當今的**圖形處理器（graphics processing unit, GPU）**和 CPU 都為執行批次圖片的操作進行了優化。批次大小通常是根據我們使用的 GPU 種類而有所不同。每個 GPU 都有自己的記憶體，可能從 2GB 到 12GB 不等，有時商業版 GPU 的記憶體會更大。PyTorch 提供了 `DataLoader` 類別，它輸入資料集並返回批次圖片；此外，它抽象出了批次執行的很多複雜度，像是應用轉換時多個 worker 的使用。下面的程式碼把前面的 `train` 和 `valid` 資料集轉換到資料載入器（data loader）中：

```
train_data_gen =
  torch.utils.data.DataLoader(train,batch_size=64,num_workers=3)
valid_data_gen =
  torch.utils.data.DataLoader(valid,batch_size=64,num_workers=3)
```

`DataLoader` 類別提供了很多選項，其中最常使用的選項如下：

- `shuffle`：為 true 時，每次呼叫資料載入器時都亂數排列圖片。
- `num_workers`：負責平行化（parallelization）。使用少於機器核心數量的 worker，是一個通用的實務做法。

建立網路架構

對於大多的真實案例，特別是在電腦視覺領域，我們很少建造自己的架構，因為已有各種現成架構可以直接用來快速解決我們的實務問題。在我們的例子中，則是使用了一個受歡迎的深度學習演算法，叫做 ResNet，它在 2015 年贏得了各種競賽的冠軍，像是與電腦視覺相關的 ImageNet。為了更容易理解，我們假設演算法是仔細連接在一起的各種 PyTorch 層，並不關注演算法的內部；「第 5 章 _ 應用於電腦視覺的深度學習」中，在探討卷積神經網路（CNN）的那個小節，會看到 ResNet 演算法的一些關鍵組成部分。PyTorch 的 `torchvision.models` 模組所提供的現成應用，使得用戶更容易使用這類流行的演算法。現在讓我們快速看一下本例如何使用這個演算法，然後再詳解每行程式碼：

```
model_ft = models.resnet18(pretrained=True)
num_ftrs = model_ft.fc.in_features
model_ft.fc = nn.Linear(num_ftrs, 2)

if is_cuda:
    model_ft = model_ft.cuda()
```

`models.resnet18(pertrained = True)` 物件建立了演算法的實例，實例是 PyTorch 層的集合。我們列印出 `model_ft`，快速地看一看哪些東西構成了 ResNet 演算法。演算法的一小部分看起來如圖 3.9 所示。這裡並沒有包含整個演算法，因為這會佔用好幾個頁面的篇幅。

```
ResNet (
  (conv1): Conv2d(3, 64, kernel_size=(7, 7), stride=(2, 2), padding=(3, 3), bias=False)
  (bn1): BatchNorm2d(64, eps=1e-05, momentum=0.1, affine=True)
  (relu): ReLU (inplace)
  (maxpool): MaxPool2d (size=(3, 3), stride=(2, 2), padding=(1, 1), dilation=(1, 1))
  (layer1): Sequential (
    (0): BasicBlock (
      (conv1): Conv2d(64, 64, kernel_size=(3, 3), stride=(1, 1), padding=(1, 1), bias=False)
      (bn1): BatchNorm2d(64, eps=1e-05, momentum=0.1, affine=True)
      (relu): ReLU (inplace)
      (conv2): Conv2d(64, 64, kernel_size=(3, 3), stride=(1, 1), padding=(1, 1), bias=False)
      (bn2): BatchNorm2d(64, eps=1e-05, momentum=0.1, affine=True)
    )
    (1): BasicBlock (
      (conv1): Conv2d(64, 64, kernel_size=(3, 3), stride=(1, 1), padding=(1, 1), bias=False)
      (bn1): BatchNorm2d(64, eps=1e-05, momentum=0.1, affine=True)
      (relu): ReLU (inplace)
      (conv2): Conv2d(64, 64, kernel_size=(3, 3), stride=(1, 1), padding=(1, 1), bias=False)
      (bn2): BatchNorm2d(64, eps=1e-05, momentum=0.1, affine=True)
    )
  )
  (layer2): Sequential (
    (0): BasicBlock (
      (conv1): Conv2d(64, 128, kernel_size=(3, 3), stride=(2, 2), padding=(1, 1), bias=False)
      (bn1): BatchNorm2d(128, eps=1e-05, momentum=0.1, affine=True)
```

■ 圖 3.9

可以看出，ResNet 架構是一個層的集合，包含的層為 `Conv2d`、`BatchNorm2d` 和 `MaxPool2d`，這些層以一種特有的方式組合在一起。所有這些演算法都將接受一個名為 `pretrained` 的參數，當 `pretrained` 為 `True` 時，演算法的權重已為特定的 ImageNet 分類問題微調好，它要預測的類別有 1,000 種，包括汽車、船、魚、貓和狗等。此演算法是要用來預測 1,000 種 ImageNet 類別，因此將權重調整到某一點，讓演算法得到最高的準確率。我們為案例使用這些保存好並與模型共享的權重。相較於以隨機權重開始，以微調過的權重開始執行演算法，效率更好；因此，我們的案例將從預訓練好的權重開始。

ResNet 演算法不能直接使用，因為它是用來預測 1,000 種類別，而我們的案例只需要預測貓和狗這兩種類別之一。為此，我們取 ResNet 模型的最後一層 ── linear 層，並把輸出特徵改成 2，如下面的程式碼所示：

```
model_ft.fc = nn.Linear(num_ftrs, 2)
```

如果在以 GPU 的機器上執行演算法，需要在模型上呼叫 cuda 方法，讓演算法在 GPU 上執行。強烈建議在裝備了 GPU 的機器上執行這些程式；有了 GPU，不到一美元就可以擴展出一個雲實例。下面程式碼片段的最後一行告知 PyTorch 在 GPU 上執行程式碼：

```
if is_cuda:
    model_ft = model_ft.cuda()
```

訓練模型

前一節中，我們已經建立了 DataLoader 實例和演算法，現在開始訓練模型。為此我們需要 loss 函數和一個 optimizer：

```
#損失函數和優化器
learning_rate = 0.001
criterion = nn.CrossEntropyLoss()
optimizer_ft = optim.SGD(model_ft.parameters(), lr=0.001, momentum=0.9)
exp_lr_scheduler = lr_scheduler.StepLR(optimizer_ft, step_size=7,
  gamma=0.1)
```

在上述程式碼中，建立了根據 CrossEntropyLoss 的 loss 函數和根據 SGD 的優化器；StepLR 函數可以動態修改學習率。「第 4 章 _ 機器學習基礎」將討論用於微調學習率的不同策略。

下面的 train_model 函數取得模型輸入，並透過多輪（epoch）訓練微調演算法的權重並降低損失：

```
def train_model(model, criterion, optimizer, scheduler, num_epochs=25):
    since = time.time()

    best_model_wts = model.state_dict()
    best_acc = 0.0

    for epoch in range(num_epochs):
        print('Epoch {}/{}'.format(epoch, num_epochs - 1))
        print('-' * 10)

        #每輪都有訓練和驗證階段
        for phase in ['train', 'valid']:
            if phase == 'train':
                scheduler.step()
                model.train(True) #模型設為訓練模式
            else:
                model.train(False) #模型設為評估模式

            running_loss = 0.0
            running_corrects = 0

            #在資料上迭代
            for data in dataloaders[phase]:
                #取得輸入
                inputs, labels = data

                #封裝成變數
                if is_cuda:
                    inputs = Variable(inputs.cuda())
                    labels = Variable(labels.cuda())
                else:
                    inputs, labels = Variable(inputs), Variable(labels)

                #梯度參數清 0
```

```
                optimizer.zero_grad()

                #前向
                outputs = model(inputs)
                _, preds = torch.max(outputs.data, 1)
                loss = criterion(outputs, labels)

                #只在訓練階段反向優化
                if phase == 'train':
                    loss.backward()
                    optimizer.step()

                #統計
                running_loss += loss.data[0]
                running_corrects += torch.sum(preds == labels.data)

            epoch_loss = running_loss / dataset_sizes[phase]
            epoch_acc = running_corrects / dataset_sizes[phase]

            print('{} Loss: {:.4f} Acc: {:.4f}'.format(
                phase, epoch_loss, epoch_acc))

            #深度複製模型
            if phase == 'valid' and epoch_acc > best_acc:
                best_acc = epoch_acc
                best_model_wts = model.state_dict()

        print()

    time_elapsed = time.time() - since
    print('Training complete in {:.0f}m {:.0f}s'.format(
        time_elapsed // 60, time_elapsed % 60))
    print('Best val Acc: {:4f}'.format(best_acc))

    #載入最佳權重
    model.load_state_dict(best_model_wts)
    return model
```

上述函數的功能如下：

1. 傳入流經模型的圖片並計算損失。
2. 在訓練階段反向傳播；在驗證 / 測試階段，不調整權重。
3. 每輪訓練中的損失值跨批次累加。
4. 儲存最佳模型並列印驗證準確率。

上面的模型在執行 25 輪後，驗證準確率達到了 87%。下面是前面的 `train_model` 函數在 Dogs vs. Cats 資料集上訓練時生成的日誌；為了節省篇幅，本書只包含了最後幾輪的結果：

```
Epoch 18/24
----------
train Loss: 0.0044 Acc: 0.9877
valid Loss: 0.0059 Acc: 0.8740

Epoch 19/24
----------
train Loss: 0.0043 Acc: 0.9914
valid Loss: 0.0059 Acc: 0.8725

Epoch 20/24
----------
train Loss: 0.0041 Acc: 0.9932
valid Loss: 0.0060 Acc: 0.8725

Epoch 21/24
----------
train Loss: 0.0041 Acc: 0.9937
valid Loss: 0.0060 Acc: 0.8725

Epoch 22/24
----------
train Loss: 0.0041 Acc: 0.9938
valid Loss: 0.0060 Acc: 0.8725
```

```
Epoch 23/24
----------
train Loss: 0.0041 Acc: 0.9938
valid Loss: 0.0060 Acc: 0.8725

Epoch 24/24
----------
train Loss: 0.0040 Acc: 0.9939
valid Loss: 0.0060 Acc: 0.8725

Training complete in 27m 8s
Best val Acc: 0.874000
```

接下來的章節中，我們將學習以更快速訓練更準確模型的進階技術。前面的模型在 Titan X GPU 上執行了 30 分鐘，後面將講解更快訓練模型的不同技術。

3.2 小結

本章透過使用 SGD 優化器調整層的權重，講解了 PyTorch 中神經網路的完整生命週期——從構成不同類型的層，到加入激勵函數、計算交叉熵損失，再到優化網路效能（即最小化損失）。

本章還介紹了如何應用流行的 ResNet 架構解決二元分類和多類別分類問題。

同時，我們嘗試解決實務上的影像分類問題，把貓的圖片歸類為 cat，把狗的圖片歸類為 dog。這些知識可以用於對不同的實體進行分類，例如辨別魚的種類，辨識狗的品種，分辨植物種子類別，將子宮癌歸類成 Type1、Type2 和 Type3 型…等。

下一章將講解機器學習的基礎知識。

DEEP LEARNING

LEARNING

04

機器學習基礎

前一章講解了如何建立深度學習模型來解決分類和迴歸問題，比如影像分類和平均用戶觀看時間預測的範例。同樣地，我們從直觀上瞭解了如何處理深度學習問題。本章將介紹如何處理不同種類的問題，以及可以改善模型效能的各種潛在方法。

本章涵蓋了以下主題：

- 分類和迴歸以外的其他類型問題；
- 評估問題，理解過度擬合、欠擬合，以及解決這些問題的技巧；
- 為深度學習準備資料。

請記住，在本章中討論的大多數主題都是機器學習和深度學習很常見的，除了有一部分是用於解決過度擬合問題的技術，如 dropout。

4.1 三種機器學習問題

之前的所有例子中，我們所嘗試解決的都是分類（預測貓或狗）或迴歸（預測用戶在平台上花費的平均時間）問題，這些都是監督式學習的例子，目的是找到訓練範例和目標之間的映射關係，並用來預測未知資料。

監督式學習只是機器學習的其中一部分，機器學習還有其他不同的部分。以下是三種不同類型的機器學習：

- 監督式學習（supervised learning）
- 非監督式學習（unsupervised learning）
- 強化學習（reinforcement learning）

下面就來詳細講解各種演算法。

4.1.1 監督式學習

在深度學習和機器學習領域中，大多數的成功使用案例都屬於監督式學習，書中所涵蓋的大多數例子也都是監督式學習的一部分；來看看監督式學習一些常見的例子。

- **分類問題**：狗和貓的分類。
- **迴歸問題**：預測股票價格、板球比賽成績等。
- **影像分割**：進行像素級分類。對於自動汽車駕駛來說，從攝影機拍攝的照片中識別出每個像素屬於什麼物體是很重要的，這些像素可能是汽車、行人、樹、公車等。
- **語音辨識**：OK Google、Alexa 和 Siri 都是語音辨識的好例子。
- **語言翻譯**：從一種語言翻譯成另一種語言。

4.1.2 非監督式學習

在沒有標籤資料的情況下，可以透過視覺化和壓縮來幫助非監督式學習技術理解資料。兩種常用的非監督式學習技術是：

- 叢集（clustering）
- 降維（dimensionality reduction）

叢集有助於將所有相似的資料點組合在一起；降維則有助於減少維數，進而視覺化高維資料，並找到任何隱藏的模式。

4.1.3 強化學習

強化學習是最不受歡迎的機器學習範疇，在實務中，沒有發現它的成功使用案例。然而，近年來有了改變，來自 Google 的 DeepMind 團隊成功地建立了基於強化學習的系統，並且在 AlphaGo 比賽中贏得世界冠軍。電腦可以在比賽中擊敗人類的這種科技進展，曾被認為需要花費數十年時間才能實現，沒想到深度學習和強化學習的結合竟然可以這麼快就達成目標，超越了所有人的預料。這些技術已經可以看到早期的成功，但可能還需要幾年時間才能逐漸成為主流。

在本書中，我們將關注監督式技術和一些特定深度學習的非監督式技術，例如用於創建特定風格圖片的生成網路：**風格轉移（style transfer）**和**生成對抗網路（generative adversarial network）**。

4.2 機器學習術語

前面幾章出現了大量的術語，如果你是剛入門機器學習或深度學習領域的新手，對這些術語會比較生疏。這裡將列出機器學習中常用的術語，這些術語也使用在深度學習文獻中：

- **樣本（sample）或輸入（input）或資料點（data point）**：訓練集中特定的實例。我們在上一章中看到的影像分類問題，每個影像都可以稱為樣本、輸入或資料點。
- **預測（prediction）或輸出（output）**：由演算法生成的值稱為輸出。例如，在先前的例子中，我們的演算法對特定影像預測的結果為 0，而 0 是貓的給定標籤，所以數字 0 就是我們的預測或輸出。
- **目標（target）或標籤（label）**：圖片實際標記的標籤。
- **損失值（loss value）或預測誤差（prediction error）**：預測值與實際值之間的差距。數值愈小，準確率愈高。
- **類別（class）**：給定資料集一組可能的值或標籤。在前一章的例子中有貓和狗兩種類別。
- **二元分類（binary classification）**：將輸入實例歸類為兩個互斥類別（exclusive category）其中一個的分類任務。
- **多類別分類（multi-class classification）**：將輸入實例歸類為兩個以上不同類別的分類任務。
- **多標籤分類（multi-label classification）**：一個輸入實例可以用多個標籤來標記。例如，根據供應食物的不同來標記餐館，像是義大利菜、墨西哥菜和印度菜。另一個常見的例子是圖片中的物件偵測，使用演算法識別出圖片中的不同物件。
- **純量迴歸（scalar regression）**：每個輸入資料點都與一個純量相關聯，該純量是一個數值。這類型例子有預測房價、股票價格和板球得分等。
- **向量迴歸（vector regression）**：演算法需要預測不止一個純量值，有一個很好的例子是，當你試圖識別圖片中魚的位置之邊界框。要預測邊界框，演算法需要預測表示正方形邊緣的四個純量。
- **批次（batch）**：大多數情況下，我們在稱為批次的輸入樣本集上訓練我們的演算法。批次尺寸取決於 GPU 記憶體大小，一般從 2 ～ 256 不等，權重也在每個批次上進行更新，因此演算法往往比在單一例子上訓練時學習得更快。
- **輪（epoch）**：在整個資料集上執行一遍演算法就稱為一個 epoch。訓練（更新權重）通常要好幾個 epoch。

4.3 評估機器學習模型

上一章介紹的影像分類範例中，我們將資料分成兩個部分，一個用於訓練，一個用於驗證。使用獨立的資料集來測試演算法的效能是一種很好的做法，因為在訓練集上測試演算法，可能無法讓用戶獲得演算法真正的泛化（generalization）能力。在大多數實際案例中，根據驗證的準確率，我們經常以不同方式來調整演算法，例如添加更多的層或不同的層，或者使用不同的技術，這些將在本章的後面進行說明。因此，會選擇根據驗證資料集來調整演算法的可能性是更高的。以這種方式訓練的演算法，往往在訓練資料集和驗證資料集上都表現良好，但是應用在未知的資料上時可能會失敗，這是因為驗證資料集上的資訊洩露（information leak）會影響到對演算法的調整。

為了避免資訊洩露並改進泛化的問題，通常做法是將資料集分成三個不同部分，即訓練、驗證、測試三個資料集。我們用訓練資料集和驗證資料集來訓練演算法，並微調所有超參數，最後，當完成整個訓練時，就在測試資料集上對演算法進行測試。前面討論過，有兩種類型的參數：一種是在演算法內使用的參數或權重，透過優化器或反向傳播進行微調；另一種參數稱為**超參數（hyper parameter）**，這些參數控制著網路中所用層的數量、學習率以及通常會改變架構（這種改變經常是以手動調整）的其他類型參數。

特定的演算法在訓練集中表現非常優越，但在驗證集或測試集上卻表現不佳，這種現象稱為**過度擬合（overfitting）**，或者說演算法缺乏泛化能力。另外一種相反的現象，即演算法在訓練集上的表現不佳，稱之為**欠擬合（underfitting）**。後面會學習可以幫助解決過度擬合和欠擬合問題的不同策略。

在瞭解過度擬合和欠擬合之前，先看看可用於拆分資料集的各種策略。

4.3.1 訓練、驗證和測試集的拆分

將資料分成三個部分——訓練、驗證和測試三個資料集是最佳實務（best practice）。使用保留（holdout）資料集的最佳方法如下：

1. 在訓練資料集上訓練演算法。
2. 在驗證資料集上進行超參數微調。
3. 迭代執行前兩個步驟，一直到達成了預期效能為止。
4. 在凍結演算法和超參數後，在測試資料集上進行評估。

應避免只將資料分成兩部分，因為這可能導致資訊洩露。在相同的資料集上進行訓練和測試是絕對不允許的，這樣做將無法保證演算法的泛化能力。將資料分割成訓練集和驗證集，有三種常用的保留策略，分別是：

- 簡單保留驗證（simple holdout validation）
- K 折驗證（K-fold validation）
- 迭代 K 折驗證（iterated K-fold validation）

簡單保留驗證

劃分一定比例的資料作為測試資料集。至於要留多大比例的資料，可能與特定問題相關，並且很大程度依賴於可用的資料量，特別是電腦視覺和自然語言處理領域中的問題，收集已標籤資料可能十分昂貴，若是留出 30% 的測試資料（比例相當大）會使演算法學習起來非常困難，因為訓練用的資料較少。因此，需要根據資料的可用性，謹慎地選擇分割的比例。一旦測試資料拆分後，在凍結演算法及其超參數前，要保持資料的隔離。選擇獨立的驗證資料集才能為問題選出最佳的超參數。為避免過度擬合，通常會將可用資料分割成三個不同的集合，如圖 4.1 所示。

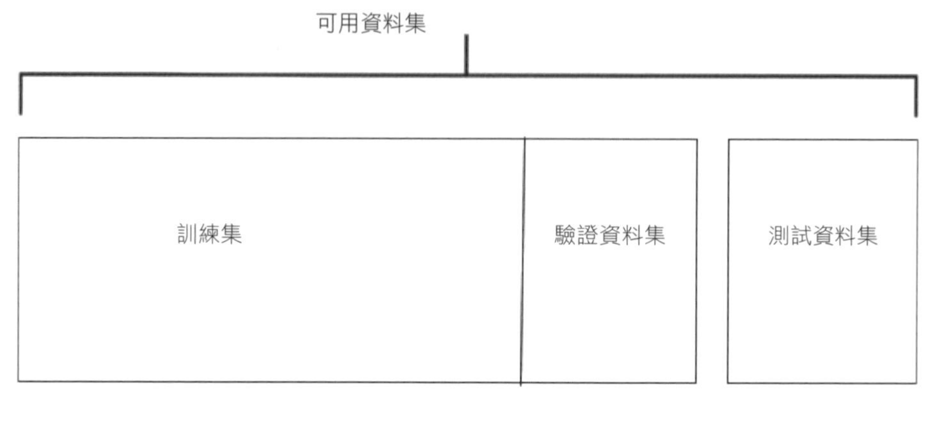

■ 圖 4.1

上一章使用了圖 4.1 的簡單實作來建立驗證資料集，我們來看一下實作的部分程式碼：

```
files = glob(os.path.join(path,'*/*.jpg'))
no_of_images = len(files)
shuffle = np.random.permutation(no_of_images)
train = files[shuffle[:int(no_of_images*0.8)]]
valid = files[shuffle[int(no_of_images*0.8):]]
```

這是最簡單的保留策略之一，通常在開始時使用。在小型資料集上使用這種分割策略會有一個弊端：驗證資料集或測試資料集中的現有資料可能不具有統計學上的代表性。在保留之前先將資料洗牌（shuttle）即可以輕鬆觀察到這一點；如果得到的結果不一致，那麼需要使用更好的方法。為避免產生這個問題，我們最後通常會使用 K 折驗證或迭代 K 折驗證法。

K 折驗證

留出一定比例的資料用於測試，然後將整個資料集分成 K 個資料包，其中 K 可以是任意數值，通常從 2 到 10 不等。在任意給定的迭代中，選取一個包作為驗證資料集，並用其餘的資料包訓練演算法。最後的評分通常是在 K 個包上獲得的所有評分之平均值。圖 4.2 所示為一個 K 折驗證的實作，其中 K 為 4；也就是說，資料分成四個部分（稱為 4 折驗證）：

■ 圖 4.2

使用 K 折驗證資料集時要特別注意一件事：它的代價非常昂貴，因為需要在資料集的不同部分運算該演算法許多次，這對於計算密集型（computation-intensive）演算法來說是非常昂貴的，特別是在電腦視覺演算法領域。有時候，訓練一個演算法耗費的時間從幾分鐘到幾天不等，因此，需謹慎地使用這項技術。

◎ 對資料洗牌的 K 折驗證

為了使演算法變得複雜和健壯，可以在每次建立保留的驗證資料集時將資料洗牌（shuffle）為亂數排序。當小幅度的效能提升可能對業務產生巨大影響時，這種做法便是有益的。如果你的情況是要快速建立並部署演算法，且可以接受些微的效能差異，那麼這種方法可能就不值得了。所有的一切都取決於你試圖要解決的問題為何，以及你對於準確率的要求有多高。

在拆分資料時可能需要考慮其他一些事情，例如：

- 資料代表性（data representativeness）
- 時間敏感性（time sensitivity）
- 資料重複性（data redundancy）

資料代表性

在上一章的例子中，我們把圖片分類為狗或者貓。假設有這樣一個情況，所有的圖片已排序，其中前 60% 的圖片是狗，其餘的是貓。如果選擇前 80% 作為訓練資料集、其餘作為驗證集來分割這個資料集，那麼驗證資料集將無法真正代表此資料集，因為它只包含貓的圖片。因此，這些案例在分割或進行分層抽樣（stratified sampling）之前，應該要透過洗牌程序來讓資料充分混合。所謂的分層抽樣，是指從每個類別中提取資料點來建立驗證資料集和測試資料集。

時間敏感性

讓我們以股價預測為例。我們有 1 月到 12 月的資料，在這種情況下，如果進行洗牌或分層抽樣，那麼最終將會造成資訊洩露，因為股票價格具有時間敏感性。因此，建立驗證資料集時應採用不會造成資訊洩露的方式；本案例中，選擇 12 月的資料作為驗證資料集可能更為合理。不過，實際的股價預測使用案例比這個例子要複雜得多，因此在選擇驗證分割時，特定領域的知識也能派上用場。

資料重複性

資料重複是很常見的。需要注意的是，在訓練、驗證和測試集中存在的資料應該是唯一的，如果有重複，那麼模型可能無法在未知資料上進行良好的泛化。

4.4 資料前處理與特徵工程

我們已經瞭解了使用不同的方法來劃分資料集並建構評估策略。在大多數案例中，接收到的資料可能並不是訓練演算法立即可用的格式，因此本節將介紹一些前處理（preprocessing）技術和特徵工程（feature engineering）技術。雖然大部分的特徵工程技術都是針對特定領域的，特別是電腦視覺和文本處理領域，但還是有一些通用的特徵工程技術，我們將在本章中加以討論。

神經網路的資料前處理是一個使資料更適合於深度學習演算法訓練的過程。以下是一些常用的資料前處理步驟：

- 向量化（vectorization）
- 正規化（normalization）
- 缺失值（missing value）
- 特徵提取（feature extraction）

4.4.1 向量化

資料通常表現為各種格式，像是：文本、聲音、圖片及影片。首先要做的就是把資料轉換成 PyTorch 張量。在前面的例子中，使用 `tourchvision` 的工具函數將 **Python 影像處理庫（python imaging library, PIL）**的圖片轉換成張量物件，儘管 PyTorch `torchvision` 程式庫抽取出了大部分的複雜度。在「第 7 章 _ 生成網路」中處理**遞迴神經網路（recurrent neural network, RNN）**時，將會瞭解到如何把文本資料轉換成 PyTorch 張量。對於涉及結構化資料（structured data）的問題，資料已經以向量化的格式存在，我們需要做的就是把它們轉換成 PyTorch 張量。

4.4.2 正規化值

在將資料傳遞到任何機器學習演算法或深度學習演算法之前，將特徵正規化是一種普遍的實務做法，它有助於更快訓練演算法並達到更高的效能。正規化指的是，將特定特徵的資料表示成平均值為 0、標準差為 1 的過程。

在上一章所描述的狗貓分類例子中，使用了 `ImageNet` 資料集中的平均值和標準差來正規化資料。我們之所以選擇 `ImageNet` 資料集的平均值和標準差，是因為使用的 ReNet 模型權重是在 `ImageNet` 上進行預訓練的。一般的做法是將每個像素值除以 255，使得所有值都介於 0 和 1 之間，尤其是在不使用預訓練權重的情況下。

正規化也適用於涉及結構化資料的問題。假設我們正在研究房價預測問題——可能存在不同特徵，而這些特徵又屬於不同的測量尺度。例如，到最近機場的距離和房子的屋齡是具備不同尺度的變數或特徵，將它們與神經網路一起使用可以防止梯度收斂。簡單來說，損失可能不會如預期那樣下降，因此，在對演算法進行訓練之前，將正規化應用到任何類型的資料上需要十分謹慎。為了讓演算法或模型的效能更好，應確保資料遵循以下規則：

- 取較小的值：通常取值介於 0 和 1 之間。
- 相同值域：確保所有特徵都在同一資料範圍內。

4.4.3 處理缺失值

缺失值在實務機器學習問題中是很常見的。從之前預測房價的例子來看，屋齡的某些資訊可能會有缺漏，通常用一個不可能出現的數字替代缺失值是安全的做法。演算法將能夠識別出模式，也還有其他技術可用於處理更特定領域的缺失值。

4.4.4 特徵工程

特徵工程是利用特定問題的領域知識，來建立可以傳遞給模型的新變數或特徵的過程。為了幫助大家理解，先來看一個銷售預測的問題：假設我們有促銷日期、假期、競爭者的開始日期、與競爭對手的距離以及特定日期的銷售情況。在現實世界，有數以百計的特徵可以用來預測店鋪的價格，其中可能有某些資訊在預測銷售方面很重要；部分重要特徵或衍生價值像是：

- 距離下一次促銷的天數
- 距離下一個假期所剩餘的天數
- 競爭對手的開業天數

還有許多這類的特徵可以從領域知識中提取出來。對於任何機器學習演算法或深度學習演算法來說，提取這種類別的特徵都相當具有挑戰性。對於某些領域，特別是在電腦視覺和文字領域方面，現代深度學習演算法有助於我們擺脫特徵工程。除了這些領域，良好的特徵工程對下述方面向來是有助益的：

- 用較少的計算資源更快解決問題。
- 深度學習演算法可以使用大量資料自己學習出特徵，不再使用手動的特徵工程。所以，如果你注重資料，可以專注於建立良好的特徵工程。

4.5 過度擬合與欠擬合

理解過度擬合和欠擬合，是成功建立機器學習和深度學習模型的關鍵。在本章的開頭，我們簡要地描述了什麼是過度擬合和欠擬合，這裡將詳細說明這兩種概念，以及如何解決過度擬合和欠擬合問題。

過度擬合，或者叫不泛化，是機器學習和深度學習中常見的一類問題。當特定的演算法在訓練資料集上執行得很好，但在未知資料或驗證和測試資料集上表現不佳時，就會說演算法過度擬合了。這種情況的發生，多半是因為演算法識別出的模式過於針對特定訓練集所造成的。簡單來說，我們可以把這個情況理解為，該演算法找出了一種方法來記憶資料集，使其在訓練資料集上表現優異，但無法執行於未知資料上。有不同的技術可以用來避免演算法過度擬合，這些技術是：

- 獲取更多資料
- 縮小網路規模
- 應用權重正則化器（regularizer）
- 應用 dropout

4.5.1 獲取更多資料

如果能夠獲得更多用於演算法訓練的資料，則可以透過關注一般模式而不是特定小資料點的模式，避免演算法過度擬合。在某些情況下，獲取更多已標籤資料可能會是一項挑戰。

有一些技術，如資料增強（data augmentation），可用在電腦視覺相關問題中生成更多的訓練資料。資料增強是一種讓用戶透過執行不同的動作，如旋轉、剪裁和生成更多資料，來調整影像的技術。若你具備足夠的領域知識，而獲取實際資料的成本又很高，你也可以自己產生合成資料。如果無法獲得更多資料，還有其他方法可以幫助避免過度擬合，接下來就讓我們來看看這些方法。

4.5.2 縮小網路規模

網路的大小通常是指網路中使用的層數或權重參數的數量。在上一章的影像分類例子中，我們使用了一個 ResNet 模型，它包含具有不同層的 18 個組成區塊（block）。PyTorch 中的 `torchvision` 程式庫有不同大小的 ResNet 模型，從 18 個區塊開始，最多可達 152 個區塊。比如說，如果我們使用具有 152 個區塊的 ResNet 模型導致過度擬合，那麼可以嘗試使用 101 個區塊或 50 個區塊的 ResNet。在建立的自定義架構中，可以簡單地移除一些中間線性層，進而阻止我們的 PyTorch 模型記憶訓練資料集。讓我們來看一個例子的程式碼片段，它示範了縮小網路規模的確切含義：

```
class Architecturel(nn.Module):
    def __init__(self, input_size, hidden_size, num_classes):
        super(Architecturel, self).__init__()
        self.fc1 = nn.Linear(input_size,  hidden_size)
        self.relu nn.ReLU()
        self.fc2 = nn.Linear(hidden_size, num_classes)
        self.relu = nn.ReLU()
        self.fc3 = nn.Linear(hidden_size, num_classes)
    def forward(self, x):
        out = self.fc1(x)
        out = self.relu(out)
        out = self.fc2(out)
        out = self.relu(out)
        out = self.fc3(out)
        return out
```

上面的架構有三個線性層，假設它在訓練資料上過度擬合了，讓我們重新建立更低容量的架構：

```
class Architecture2(nn.Module):
    def __init__(self, input_size, hidden_size, num_classes):
        super(Architecture2, self).__init__()
        self.fc1 = nn.Linear(input_size, hidden_size)
        self.relu = nn.ReLU()
        self.fc2 = nn.Linear(hidden_size, num_classes)
    def forward(self, x):
        out = self.fc1(x)
        out = self.relu(out)
        out = self.fc2(out)
        return out
```

上面的架構只有兩個線性層，減少了容量後，可能順帶避免了訓練資料集過度擬合。

4.5.3 應用權重正則化器

有助於解決過度擬合或泛化問題的關鍵原則之一，是建立更簡單的模型，而建立更簡單模型的一種技術，是透過減小模型大小來降低其架構的複雜性。另一個重點是，確保不會採用更大的網路權重值。當模型的權重較大時，正則化透過懲罰模型來提供對網路的約束力，每當模型使用較大的權重值時，正則化就開始啟動並增加損失值，從而懲罰模型。有兩種可能的正則化技巧，如下：

- **L1 正則化**：權重係數的絕對值總和加到成本中。通常稱為權重的 L1 規範（L1 norm）。
- **L2 正則化**：所有權重係數的平方和加到成本中。通常稱為權重的 L2 規範（L2 norm）。

PyTorch 提供了一種使用 L2 正則化的簡單方法，就是透過在優化器中啟用 `weight_decay` 參數：

```
model = Architecture1(10,20,2)

optimizer = torch.optim.Adam(model.parameters(), lr=1e-4,
weight_decay=1e-5)
```

預設情況下，權重衰減參數（decay parameter）設置為 0。可以嘗試不同的權重衰減值；一個較小的值，比如 `1e-5`，大多時候都是有效的。

4.5.4 應用 dropout

dropout 是深度學習中最常用和最強大的正則化技術之一，由多倫多大學的 Hinton 教授和他的學生所開發。dropout 在訓練期間被應用到模型的中間層；讓我們看一下如何在生成 10 個值的線性層輸出上應用 dropout（見圖 4.3）：

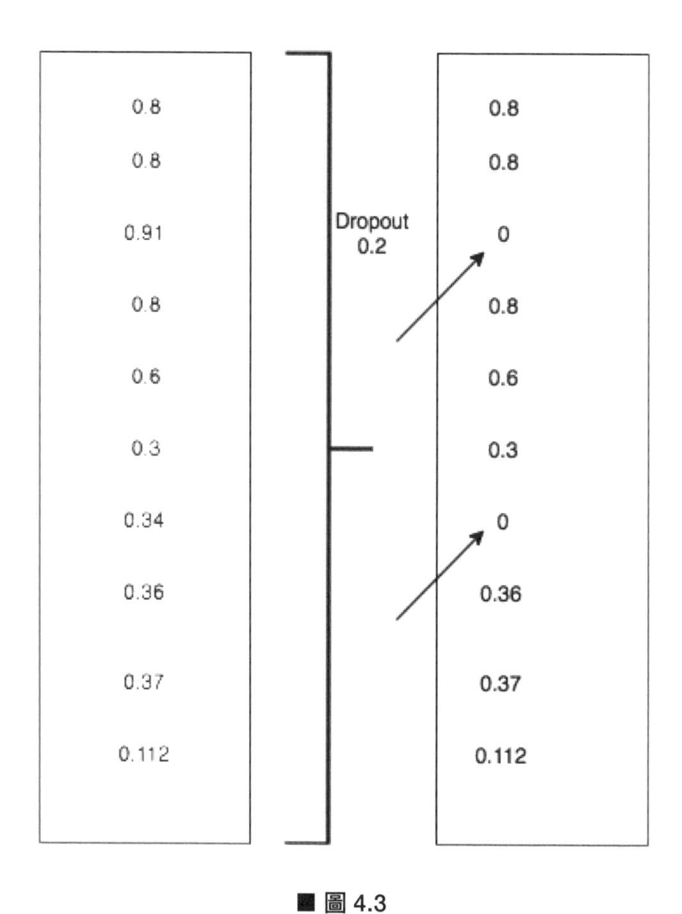

■ 圖 4.3

圖 4.3 顯示，dropout 閾值（或臨界值）設置為 0.2 並應用於線性層時發生的情況，它隨機遮蔽或歸零 20% 的資料，這樣模型才不會依賴一組特定權重或模式，就不會導致過度擬合。讓我們來看另一個例子，在這裡使用一個閾值為 0.5 的 dropout（見圖 4.4）：

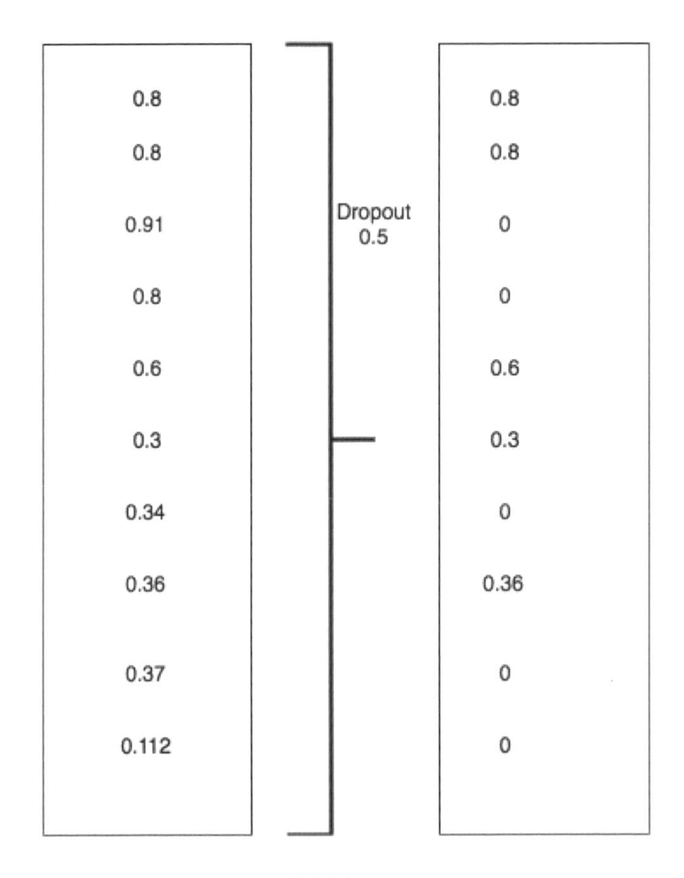

■ 圖 4.4

通常 dropout 的閾值在 0.2 ～ 0.5 範圍內，且它可以應用在不同的層。dropout 僅在訓練期間使用，在測試期間，輸出值使用與 dropout 相等的因子縮小。PyTroch 允許將 dropout 作為一層，使它更容易使用；下面的程式碼片段示範如何在 PyTorch 中使用一個 dropout 層：

```
nn.dropout(x, training=True)
```

dropout 層接受一個名為 `training` 的參數，它需要在訓練階段設置為 `True`，而在驗證階段或測試階段時設置為 `False`。

4.5.5 欠擬合

當模型在訓練資料集上明顯表現不佳，它可能無法學習出任何模式。當模型無法擬合的時候，一般做法是取得更多的資料來訓練演算法；另一種方法則是透過增加層數，或者增加模型所使用的權重或參數的數量，來提高模型的複雜度。通常在實際過度擬合資料集之前，最好不要使用上述的任何正則化技術。

4.6 機器學習專案的工作流程

在本節中，我們要將問題描述、評估、特徵工程和避免過度擬合結合起來，形成一個可用於解決任何機器學習問題的解決方案框架。

4.6.1 問題定義與資料集創建

為了定義問題，我們需要兩個重要的元素，即輸入資料和問題類型。

我們的輸入資料和對應標籤是什麼？比如說，我們希望根據顧客提供的評論並基於供應的特色餐點對餐館進行分類，來區別義大利菜、墨西哥菜、中國菜和印度菜等。要開始處理這類問題，需要手動將訓練資料標注為可能的類別之一，然後才可以對演算法進行訓練。在此階段，資料可用性往往是一個具有挑戰性的因素。

識別問題的類型將有助於確定它是二元分類、多分類、純量迴歸（房屋定價）還是向量迴歸（邊界框）；有時，我們可能不得不使用一些非監督式技術，例如叢集和降維。一旦識別出問題類型，就更容易確定應該使用什麼樣的架構、損失函數和優化器了。

在獲得了輸入並確定了問題的類型後，就可以開始使用以下假設來建立模型：

- 資料中隱藏的模式有助於將輸入映射到輸出。
- 我們擁有的資料足以讓模型進行學習。

作為機器學習的從業人員，我們需要理解一點：可能無法僅用一些輸入資料和目標資料來建立模型。以股票價格預測為例：假設有代表歷史價格、歷史表現和競爭細節的特徵，但仍然不能建立一個有意義的模型來預測股票價格，因為股票價格實際上可能受到各種其他因素的影響，比如國內外政治環境、自然因素，以及輸入資料可能無法表示的許多其他因素，任何機器學習或深度學習模型都無法識別出模式。因此，請根據領域仔細挑選可以成為目標變數的真實指標之特徵，所有這些都可能是模型欠擬合的原因。

機器學習還有另一個重要的假設：未來或未知的資料將接近歷史資料所描述的模式。有時，模型失敗的原因可能是歷史資料中不存在模式，或者模型訓練的資料未涵蓋某些季節性因素或模式。

4.6.2 成功的測量標準

成功的測量標準直接取決於業務目標。例如，要試圖預測風車何時會再發生機器故障，我們應該對模型能夠預測到故障的次數更感興趣。使用簡單的準確率可能是錯誤的指標，因為大多數時候，模型在機器不出現故障時的預測都正確，這是最常見的輸出。假設得到了 98% 的準確率，但模型每次預測故障時都是錯誤的，這樣的模型在現實世界中不會有任何用處。選擇正確的成功測量標準對於業務問題至關重要，但通常，這類問題具有不平衡的資料集。

對於平衡分類問題，其中所有的類別都具有相似的準確率（accuracy），ROC 和 **AUC（Area under the curve）**是最常見的效能測量指標，對於不平衡的資料集，可以使用精確率（precision）和召回率（recall）；至於排名問題，可以使用整體平均精確率（mean average precision, MAP）。

4.6.3 評估協議

決定好如何評估當前的進展後，下一個重要的工作就是決定要如何評估資料集。可以從評估進展的三種不同方式中進行選擇。

- **保留驗證集**：這是最常用的，尤其是有足夠的資料時。
- **K 折交叉驗證**：當資料有限時，這個策略可以幫助你對資料的不同部分進行評估，進一步瞭解效能。
- **迭代 K 折驗證**：想要進一步提升模型的效能時，這種方法會有幫助。

4.6.4 準備資料

透過向量化將不同格式的可用資料轉換成張量，並確保所有特徵都已進行了伸縮（scale）和正規化處理。

4.6.5 基準模型

建立一個非常簡單的模型來打破基準（baseline）分數。在之前的狗貓分類範例中，基準的準確率應該是 0.5，而我們的簡單模型應該能夠超過這個分數；如果無法超過基準分數，那麼輸入資料可能不包含進行必要預測所需的必要資訊。記住，不要在這個步驟引入任何正則化或 dropout。

要使模型運作，必須要做出三個重要的選擇：

- **最後一層的選擇**：對於迴歸問題，應該是生成純量值作為輸出的線性層；對於向量迴歸問題，應是生成多個純量輸出的相同線性層；對於邊界框問題，輸出的是四個值；對於二元分類問題，通常使用 sigmoid；至於多類別分類問題，則為 softmax。
- **損失函數的選擇**：問題的類型將有助於決定損失函數。對於迴歸問題，如預測房價，我們使用均方誤差（mean squared error, MSE）；對於分類問題，則使用分類交叉熵。
- **最佳化**：選擇正確的最佳化演算法及其中的一些超參數是相當棘手的工作，但我們可以透過試驗不同參數來找出。對於大多數使用案例，Adam 或 RMSprop 最佳化演算法的效果更好。下面將介紹一些可用於選擇學習率的技巧。

下面總結出了在深度學習演算法中，網路的最後一層將使用什麼樣的損失函數和激勵函數（見表 4.1）：

表 4.1　網路最後一層使用的函數

問題類型	激勵函數	損失函數
二元分類	sigmoid	`nn.CrossEntropyLoss()`
多類別分類	softmax	`nn.CrossEntropyLoss()`
多標籤分類	sigmoid	`nn.CrossEntropyLoss()`
迴歸	無	MSE
向量迴歸	無	MSE

4.6.6　大到過度擬合的模型

一旦模型具有足夠的容量來超越基準分數，就要增加基準容量。增加架構能力的一些簡單技巧如下：

- 在現有架構中添加更多層
- 為已存在的層加入更多權重
- 訓練更多輪數

我們通常會為模型訓練足夠的輪數，當訓練準確率還在提高、但驗證準確性卻停止增加並且可能開始下降時停止訓練，這就是模型開始過度擬合的地方。到達這個階段後，就需要應用正則化技術。

請記住，層的數量、大小和訓練輪數可能會因問題不同而有所差異。較小的架構可以用於簡單的分類問題，但是對於臉部辨識這類的複雜問題，模型架構要有足夠的表示能力，並且模型要比簡單的分類問題訓練更長的時間。

4.6.7 應用正則化

找到最佳方法來調整模型或演算法是過程中最棘手的部分之一，因為有很多參數需要調整。我們可以對下面這些用於正則化模型的參數進行調整：

- **添加 dropout**：這可能很複雜，因為可以在不同的層之間添加並且找到最佳位置，通常是透過多次實驗來完成的。要添加的 dropout 百分比也很棘手，因為它純粹依賴於待解的問題描述。從較小的數值開始（如 0.2），通常是最佳實務做法。
- **嘗試不同的架構**：可以嘗試不同的架構、激勵函數、層數、權重，或層的參數。
- **添加 L1 或 L2 正則化**：可以使用正則化中的任何一個。
- **嘗試不同的學習率**：在這裡有不同的技術可以使用，本章後面會再討論。
- **添加更多特徵或更多資料**：可以透過取得更多的資料或增強資料來實現。

我們將使用驗證資料集來調整上述所有超參數。在不斷地迭代和調整超參數的同時，可能會遇到資訊洩露的問題，因此，應確保有用來測試的保留資料。如果模型在測試資料集上的效能比訓練集和驗證集要好，那麼我們的模型很有可能在未知的資料上表現良好；但如果模型在測試資料上表現不佳，卻在驗證和訓練資料上表現很好，那麼驗證資料很可能無法代表真實的資料集。在這種情況下，可以使用 K 折驗證或迭代 K 折驗證資料集。

4.6.8 學習率選擇策略

找到合適的學習率來訓練模型是一個還在進行中的研究領域，目前已經有很多進展。PyTorch 的 `torch.optim.lr_sheduler` 套件提供了一些調整學習率的技術，我們接下來將探討 PyTorch 提供的一些動態選擇學習率技術。

- **StepLR**：這個排程器有兩個重要的參數。第一個參數是步長（step size），它表示學習率多少輪更新一次；第二個參數是 gamma，它決定學習率必須改變多少。

對學習率 0.01 來說，在步長 10 和 gamma 為 0.1 的情況下，學習率每 10 輪以 gamma 倍數變化。也就是說，前 10 輪的學習率變為 0.001，在接下來的 10 輪變成 0.0001。下面的程式碼解釋了如何實作 StepLR：

```
scheduler = StepLR(optimizer, step_size=30, gamma=0.1)
for epoch in range(100):
    scheduler.step()
    train(...)
    validate(...)
```

- **MultiStepLR**：MultiStepLR 與 StepLR 的工作方式類似，只不過步長不是規則間距，而是以列表的形式給出。例如，給出的步長列表為 10、15、30，對於每個步長，學習率要乘上 gamma 值。下面的程式碼示範了 `MultiStepLR` 的實作：

```
scheduler = MultiStepLR(optimizer, milestones=[30,80], gamma=0.1)
for epoch in range(100):
    scheduler.step()
    train(...)
    validate(...)；
```

- **ExponentialLR**：每一輪都將學習率乘上 gamma 值。
- **ReduceLROnPlateau**：這是常用的學習率策略之一。應用本策略時，當特定的測量指標，如訓練損失、驗證損失或準確率不再變化時，學習率就會改變。通用做法是將學習率的原始值降低為原來的 1/2 ～ 1/10。`ReduceLRInPlateau` 的實作如下：

```
optimizer = torch.optim.SGD(model.parameters(), lr=0.1,
  momentum=0.9)
scheduler = ReduceLROnPlateau(optimizer, 'min')
for epoch in range(10):
    train(...)
    val_loss = validate(...)
    #注意，在 validate() 之後呼叫該步驟
    scheduler.step(val_loss)
```

4.7 小結

本章介紹了一些用於解決機器學習或深度學習問題的常見方法和最佳實務做法：我們講解了各種重要的步驟，例如建立問題陳述、選擇演算法、超越基準分數、增加模型的容量直到它過度擬合資料集、應用正則化技術來防止過度擬合、增加泛化能力、調整模型或演算法的不同參數，並探索可使深度學習模型更優化、更快速訓練的不同學習策略。

下一章將會介紹用於建立先進卷積神經網路（CNN）的不同組件，另外也將探討遷移學習，它可以在可用資料很少時訓練影像分類器；並進一步說明有哪些技術可以更快速訓練這些演算法。

LEARNING

05

應用於電腦視覺的深度學習

在「第 3 章 _ 深入瞭解神經網路」，我們使用了一個流行的**卷積神經網路**（convolutional neural network, CNN）——ResNet 架構——建立了一個影像分類器，但我們將此模型作為黑盒使用。本章將討論卷積網路的重要構件，涵蓋的重要主題如下：

- 神經網路簡介
- 從零開始建立 CNN 模型
- 建立和探索 VGG16 模型
- 計算預卷積特徵
- 理解 CNN 模型如何學習
- CNN 層的視覺化權重

本章將探討如何從零開始建立一個解決影像分類問題的架構，這是最常見的使用案例；同時也會講解如何使用遷移學習，它將有助於我們利用非常小的資料集來建立影像分類器。

除了學習如何使用 CNN，也會探索這些卷積網路的學習內容。

5.1 神經網路簡介

在過去幾年中，CNN 已經在影像辨識、物件偵測、分割以及電腦視覺領域的其他任務中廣泛應用，後來在**自然語言處理（natural language processing, NLP）**領域也流行起來，儘管還沒有普遍使用。全連接層和卷積層之間的根本區別，在於權重在中間層中彼此連接的方式；我們來看看全連接層或線性層是如何運作的（圖 5.1）：

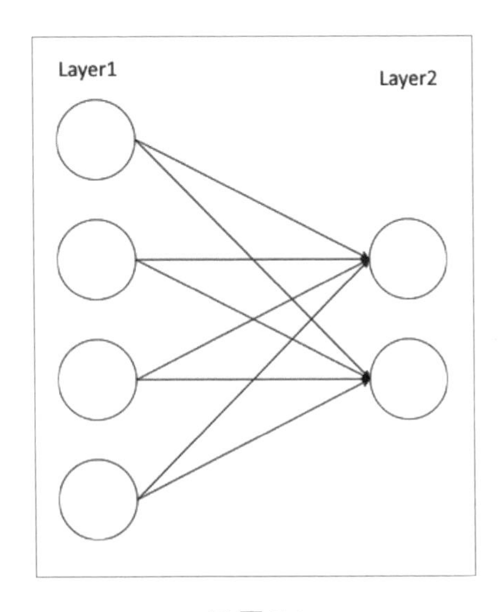

■ 圖 5.1

在電腦視覺中使用線性層或全連接層，最大挑戰之一是它們失去了所有空間資訊（spatial information），且就全連接層使用的權重數量而言複雜度太高。例如，將 224 像素的影像表示為平面陣列時，我們會得到尺寸為 150,528（224×224×3 通道）的圖片。當影像平面化後，我們失去了所有的空間資訊。讓我們來看看 CNN 的簡化版本是什麼樣子（圖 5.2）：

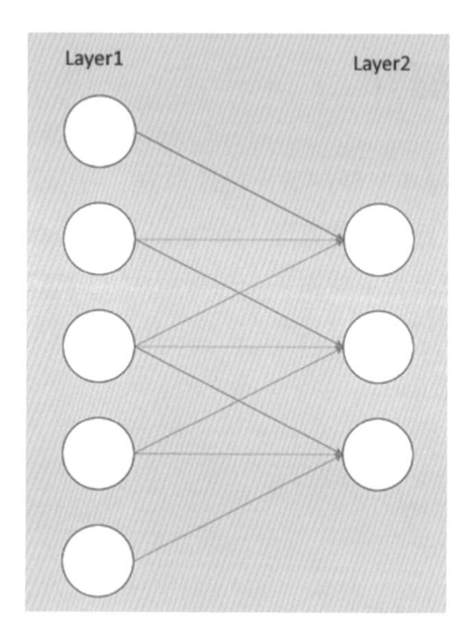

■ 圖 5.2

所有卷積層做的事，就是在影像上加了一個叫**過濾器（filter）**的權重窗口。在詳細理解卷積和其他組成部分之前，我們先為 `MNIST` 資料集建立一個簡單但功能強大的影像分類器（image classifier），一旦建立了這個分類器，我們將遍歷網路的每個組件。建立影像分類器的步驟如下：

- 取得資料
- 建立驗證資料集
- 從零開始建立 CNN 模型
- 訓練並驗證模型

5.1.1 MNIST——取得資料

`MNIST` 資料集包含 60,000 個用於訓練的 0~9 手寫數字圖片，以及用於測試集的 10,000 張圖片。PyTorch 的 `torchvision` 函式庫提供了一個 `MNIST` 資料集，它下載資料並以易於使用的格式提供資料。讓我們用 `MNIST` 函數把資料集下載到本機，並封裝成 `DataLoader`。我們將使用 torchvision 轉換將資料轉換成 PyTorch 張量並進行正規化。下面的程式碼負責下載資料、把資料封裝成 DataLoader 以及資料的正規化處理：

```
transformation =
  transforms.Compose([transforms.ToTensor(),
  transforms.Normalize((0.1307,), (0.3081,))])

train_dataset =
  datasets.MNIST('data/',train=True,transform=transformation,
    download=True)
test_dataset =
  datasets.MNIST('data/',train=False,transform=transformation,
    download=True)

train_loader=
  torch.utils.data.DataLoader(train_dataset,batch_size=32,shuffle=True)
test_loader=
  torch.utils.data.DataLoader(test_dataset,batch_size=32,shuffle=True)
```

上述程式碼提供了 train 資料集和 test 資料集的 DataLoader。讓我們視覺化展示一些圖片，以理解要處理的內容。下面的程式碼可用來視覺化 MNIST 圖片：

```
def plot_img(image):
    image = image.numpy()[0]
    mean = 0.1307
    std = 0.3081
    image = ((mean * image) + std)
    plt.imshow(image,cmap='gray')
```

現在透過傳入 plot_img 方法來視覺化資料集。利用下面的程式碼從 DataLoader 中提取出一批記錄，並繪製圖片：

```
sample_data = next(iter(train_loader))
plot_img(sample_data[0][1])
plot_img(sample_data[0][2])
```

圖片顯示如下（圖 5.3）：

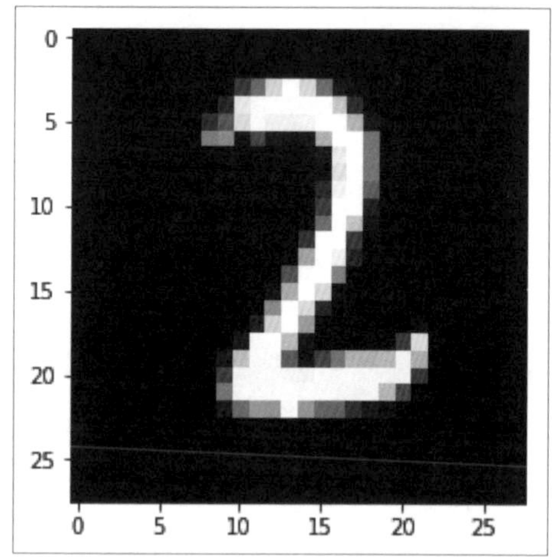

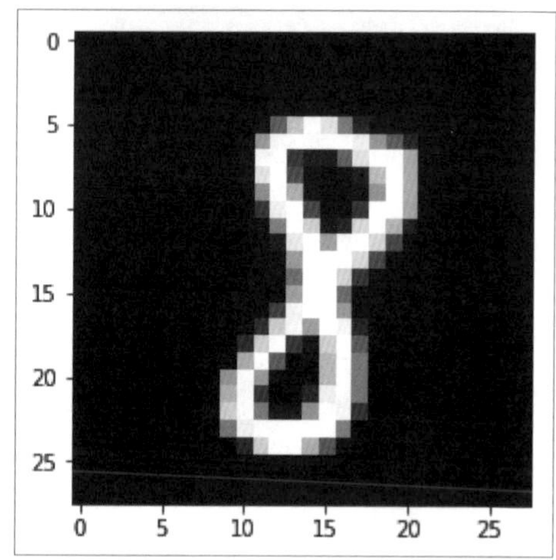

■ 圖 5.3

5.2 從零開始建立 CNN 模型

對於這個例子，讓我們從頭開始建立自己的架構。我們的網路架構將包含不同層的組合，即：

- `Conv2d`
- `MaxPool2d`
- **修正線性單元（rectified linear unit, ReLU）**
- 視圖（view）
- 線性層（linear layer）

讓我們來看看要實作的架構以圖形表示（圖 5.4）：

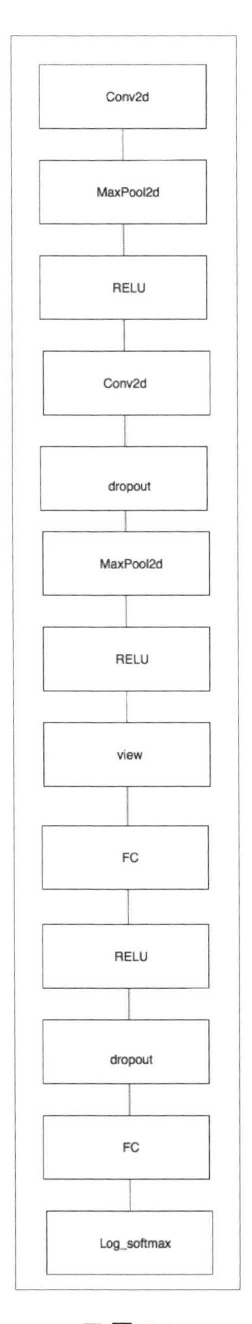

■ 圖 5.4

用 PyTorch 實作這個架構，然後再詳細瞭解每個層的作用：

```
class Net(nn.Module):
    def __init__(self):
        super().__init__()
        self.conv1 =nn.Conv2d(1, 10, kernel_size=5)
        self.conv2 = nn.Conv2d(10, 20, kernel_size=5)
        self.conv2_drop = nn.Dropout2d()
        self.fc1 = nn.Linear(320, 50)
        self.fc2 = nn.Linear(50, 10)

    def forward(self, x):
        x = F.relu(F.max_pool2d(self.conv1(x), 2))
        x = F.relu(F.max_pool2d(self.conv2_drop(self.conv2(x)), 2))
        x = x.view(-1, 320)
        x = F.relu(self.fc1(x))
        x = F.dropout(x, training=self.training)
        x = self.fc2(x)
        return F.log_softmax(x)
```

下面的小節將詳細說明每一層所做的工作。

5.2.1 Conv2d

Conv2d 負責在 MNIST 圖片上應用卷積過濾器。試著理解如何在一維陣列上應用卷積，然後轉向如何將二維卷積應用於圖片上。查看圖 5.5，將大小為 3 的過濾器（或核心，kernel）之 Conv1d 應用於長度為 7 的張量上：

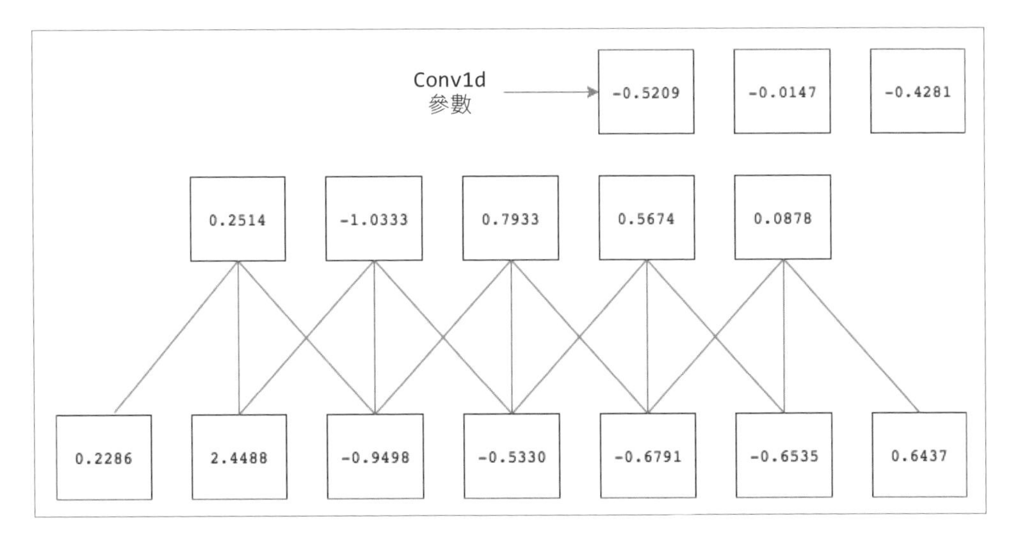

■ 圖 5.5

底部的方塊表示七個值的輸入張量，連接的方塊表示應用三個卷積過濾器後的輸出，在右上角的三個方塊則是表示 Conv1d 層的權重和參數。卷積過濾器的功用就像是窗口，它跳過一個值移動到下一個值；而移動的距離就稱為**步幅（stride）**，預設值為 1。下面寫出了第一個和最後一個輸出的計算式，來理解如何計算輸出值：

Output 1 –> (*-0.5209 x 0.2286*) + (*-0.0147 x 2.4488*) + (*-0.4281 x -0.9498*)

Output 5 –> (*-0.5209 x -0.6791*) + (*-0.0147 x -0.6535*) + (*-0.4281 x 0.6437*)

所以，到目前為止，大家應該對卷積的作用比較有概念了。卷積根據移動的步幅值在輸入上應用過濾器，即一組權重；在前面的例子中，過濾器每次移動一格。如果步幅值是 2，過濾器將每次移動兩格。來看看 PyTorch 的實作，以理解它是如何進行運算的：

```
conv = nn.Conv1d(1,1,3,bias=False)
sample = torch.randn(1,1,7)
conv(Variable(sample))
```

```
#檢查卷積過濾器的權重
conv.weight
```

還有另一個重要的參數，稱為**填充（padding）**，它通常與卷積一起使用。如果仔細地觀察前面的例子，大家可能會意識到，如果一直到資料的最後才能應用過濾器，那麼當資料沒有足夠的元素可以跨越時，它就會停止。填充則是透過在張量的兩端加 0 來防止這種情況。再來看一個如何填充一維數值的例子：

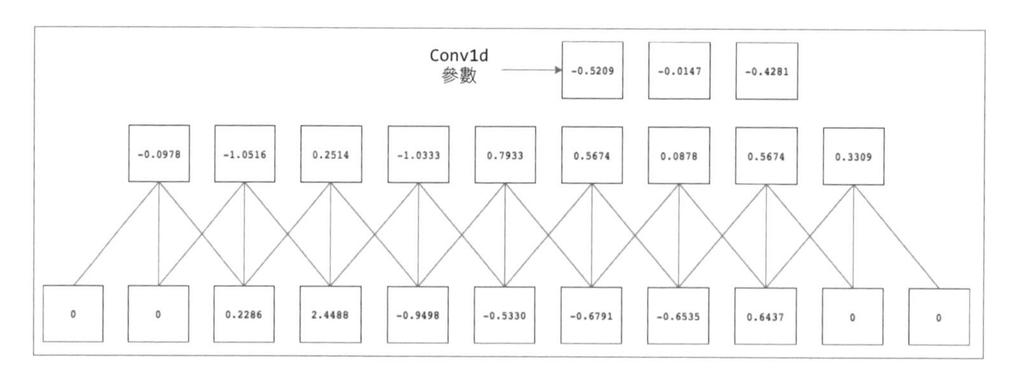

■ 圖 5.6

在圖 5.6 中，我們應用了填充為 2、步幅為 1 的 Conv1d 層。

讓我們看看 Conv2d 如何在圖片上運作。

在進一步說明 Conv2d 的運作原理之前，強烈建議大家去看一個超強的部落格（http://setosa.io/ev/image-kernels/），其中包含關於卷積如何運作的線上即時示範。在你花了幾分鐘看完示範後，請繼續閱讀接下來的內容。

我們來理解一下線上即時示範所發生的事情。在圖片的中心方塊，有兩組不同的數字：一個表示在方塊內，另一個在方塊的下方。在方塊內的那些數字是像素值，如左邊照片上的白色方塊所突顯的那樣；在方塊下面表示的數字是用於對圖片進行銳化的過濾器（或核心）值。這些數字是精心挑選的，以完成一項特定的工作；在本例中，它用於銳化圖片。如前面的例子，我們進行元素的乘法運算，並將所有值相加，來生成右側圖片中像素的值。生成的值在圖片右側的白色框中高亮顯示。

雖然在這個例子中，核心中的值是精心挑選的，但是在 CNN 中我們不會去精選值，而是隨機地初始化它們，並讓梯度下降和反向傳播調整核心的值。學習的核心將負責識別不同的特徵，如線條、曲線、眼睛。接下來看另一張圖（圖 5.7），我們把它看成一個數字矩陣，看看卷積是如何運作的。

0.8643	-0.9223	-0.6164	-0.0553	-0.1823	-0.9787			Kernel	
-0.3225	-1.69	0.9717	0.9717	-1.6914	0.2931		0	0	1
0.1787	0.6866	0.1085	-0.4997	0.7529	2.0344		-1	-1	-1
-0.4454333	0.967	0.8795	-0.3055	0.5616	3.4627		0.1	0.2	0.3
-0.7882333	1.77145	1.24195	-0.5277	1.0292	4.96925				
-1.1310333	2.5759	1.6044	-0.7499	1.4968	6.4758				
	Output								
0.61214									

■ 圖 5.7

在圖 5.7 中，假設用 6×6 矩陣表示圖片，並且應用大小為 3×3 的卷積過濾器，然後展示如何生成輸出。簡單起見，我們只計算矩陣的高亮部分；透過執行下列的計算式來生成輸出：

Output –> *0.86 x 0 + -0.92 x 0 + -0.61 x 1 + -0.32 x -1 + -1.69 x -1 +* ....

`Conv2d` 函數中使用的另一個重要參數是 `kernel_size`，它決定了核心的大小。常用的核心大小有為 1、3、5、7。核心愈大，過濾器可以覆蓋的面積就愈大，因此通常會觀察大小為 7 或 9 的過濾器應用於早期層中的輸入資料。

5.2.2 池化

常用的實務做法是在卷積層之後添加池化（pooling）層，因為它們會降低特徵圖（feature map）和卷積層的輸出大小。

池化提供兩個不同的功能：其一是減小要處理的資料大小，其二是強制演算法不去關注圖片位置的微小變化。例如，臉部偵測演算法應該要能夠檢測圖片中的臉部，不管臉在照片中的位置為何。

我們來看看 MaxPool2d 的運作原理。它也同樣具有核心大小和步幅的概念，不過它與卷積的不同之處在於，因為它沒有任何權重，只是對前一層中每個過濾器生成的資料起作用；如果核心大小為 2×2，則它會考慮圖片中 2×2 的區域並選擇該區域的最大值。讓我們來看圖 5.8，它清楚地說明了 MaxPool2d 的運作原理：

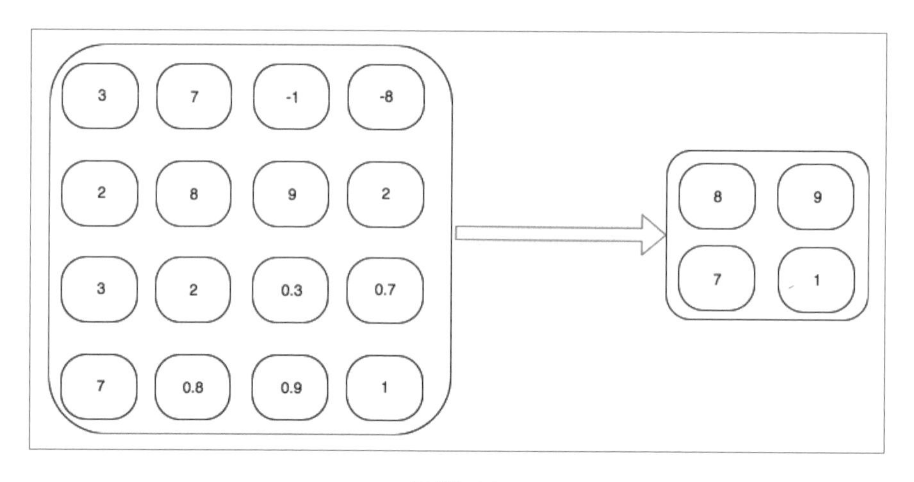

■ 圖 5.8

左側的框包含特徵圖的值。在應用最大池化之後，輸出儲存在框的右側。我們寫出輸出第一行中值的計算式，看看輸出是如何計算的：

$$Output1-> Maximum(3,7,2,8)- > 8$$

$$Output2-> Maximum(-1,-8,9,2)- > 9$$

另一種常用的池化技術是**平均池化（average pooling）**，需要把 `average` 函數替換成 `maxinum` 函數。圖 5.9 說明了平均池化的運作原理：

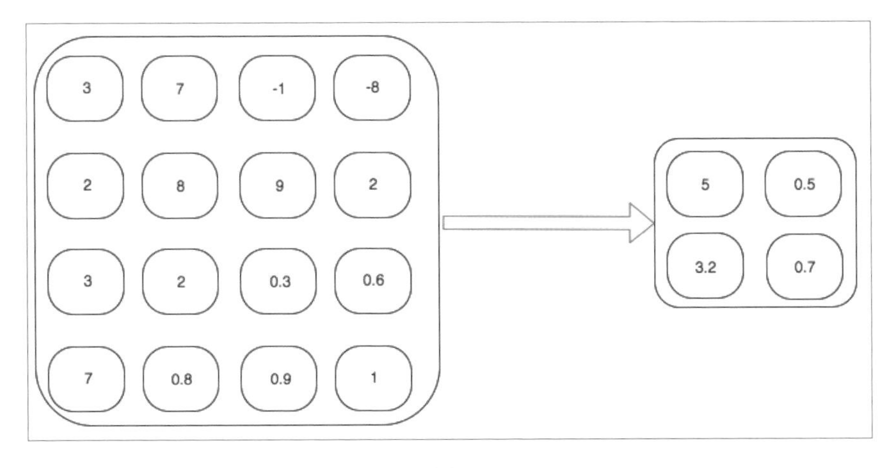

■ 圖 5.9

在這個例子中，我們取的是四個值的平均值，而不是四個值的最大值。讓我們寫出計算式，讓大家更容易理解：

$$Output1- > Average(3,7,2,8)- > 84$$

$$Output2- > Average(-1,-8,9,2)- > -37$$

5.2.3 非線性激勵函數——ReLU

在最大池化之後或在應用卷積之後使用非線性層，是常用的最佳實務做法。大多數網路架構傾向於使用 ReLu 或不同風格的 ReLu，無論選擇哪一種非線性函數，它都會作用於特徵圖的每個元素。為了使其更直觀，我們來看一個例子（圖 5.10），其中把 ReLU 用在使用過最大池化和平均池化的相同特徵圖上：

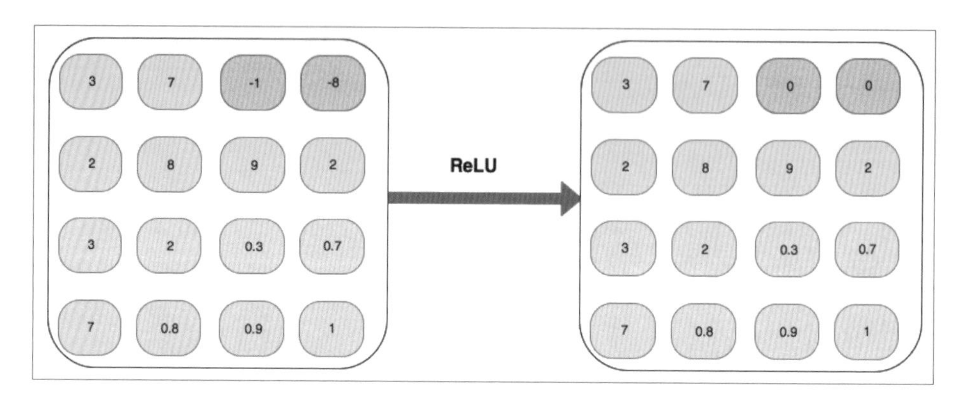

■ 圖 5.10

5.2.4 視圖

對於圖片分類問題，一般的實務做法是在大多數網路的末端使用全連接層或線性層。我們使用一個以數字矩陣作為輸入、並輸出另一個數字矩陣的二維卷積。為了應用線性層，需要將矩陣平面化，也就是將二維張量轉變為一維的向量。圖 5.11 所示為 view 方法的運作原理：

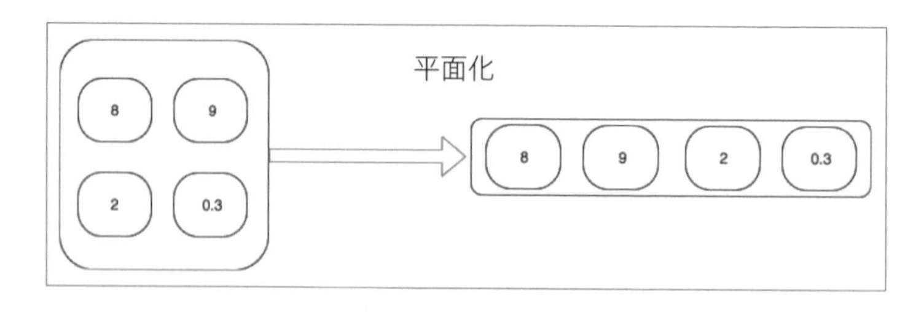

■ 圖 5.11

讓我們來看看在網路中實作該功能的程式碼：

```
x.view(-1,320)
```

由此可知，view 方法將使 n 維張量平面化為一維張量。在我們的網路中，第一個維度是每張圖片，批次處理後的輸入資料維度是 *32×1×28×28*，其中第一個數字 32

表示將有 32 張高度為 28、寬度為 28 和通道為 1 的圖片，因為圖片是黑白的。進行平面化處理時，我們不想把不同影像的資料一起平面化或者混合在一起，因此，傳給 `view` 函數的第一個參數將指示 PyTorch 避免在第一維上平面化資料。來看看圖 5.12 中的運作原理：

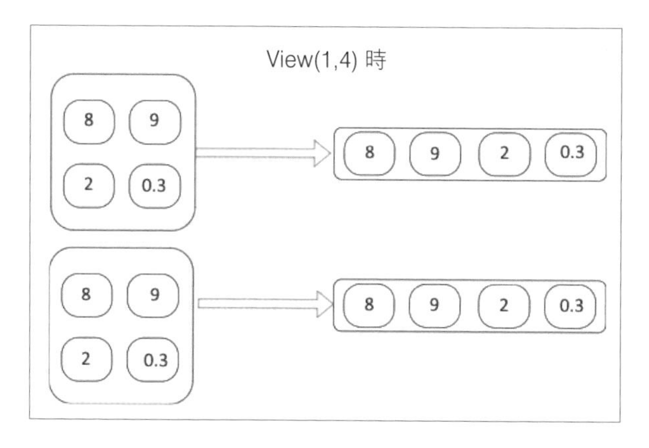

■ 圖 5.12

在上面的例子中，我們有大小為 $2\times1\times2\times2$ 的資料；在應用 `view` 函數之後，它會轉換成大小為 $2\times1\times4$ 的張量。讓我們再看一下沒有使用參數 *-1* 的另一個例子（圖 5.13）：

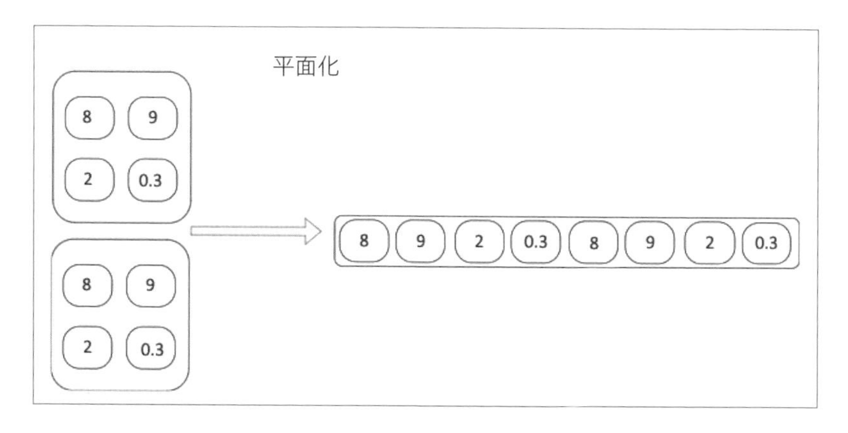

■ 圖 5.13

如果忘了指明要平面化哪一個維度的參數，可能會得到意想不到的結果。所以在這一步要格外小心。

線性層

在將資料從二維張量轉換為一維張量之後，把資料傳入非線性層，然後傳入非線性的激勵層。在我們的架構中，共有兩個線性層：一個後面跟著 ReLU，另一個後面跟著 `log_softmax`——用於預測給定圖片中所含的數字。

5.2.5 訓練模型

訓練模型的過程與之前的狗貓圖片分類問題相同。下面的程式碼片段在提供的資料集上對我們的模型進行訓練：

```
def fit(epoch,model,data_loader,phase='training',volatile=False):
    if phase == 'training':
        model.train()
    if phase == 'validation':
        model.eval()
        volatile=True
    running_loss = 0.0
    running_correct = 0
    for batch_idx , (data,target) in enumerate(data_loader):
        if is_cuda:
            data,target = data.cuda(),target.cuda()
        data , target = Variable(data,volatile),Variable(target)
        if phase == 'training':
            optimizer.zero_grad()
        output = model(data)
        loss = F.nll_loss(output,target)
        running_loss +=
F.nll_loss(output,target,size_average=False).data[0]
        preds = output.data.max(dim=1,keepdim=True)[1]
        running_correct += preds.eq(target.data.view_as(preds)).cpu().sum()
        if phase == 'training':
            loss.backward()
```

```
            optimizer.step()
        loss = running_loss/len(data_loader.dataset)
        accuracy = 100. * running_correct/len(data_loader.dataset)
        print(f'{phase} loss is {loss:{5}.{2}} and {phase} accuracy is
    {running_correct}/{len(data_loader.dataset)}{accuracy:{10}.{4}}')
        return loss,accuracy
```

該方法針對 `training` 和 `validation` 具有不同的邏輯，使用不同模式主要有兩個原因：

- 在訓練模式中，dropout 會刪除一定比例的值，這在驗證或測試階段不應發生。
- 對於 `training` 模式，我們計算梯度並改變模型的參數值，但是在測試或驗證階段不需要反向傳播。

上一個函數中的大多數程式碼都很簡單易懂，就如同前幾章的一樣。在函數的末尾，我們返回特定輪數中模型的 `loss` 和 `accuracy`。

讓我們透過前面的函數將模型執行 20 次迭代，並繪製出 `training` 和 `validation` 上的 `loss` 和 `accuracy`，以瞭解網路表現的好壞。以下的程式碼示範了將 `fit` 方法在 `training` 和 `validation` 資料集上執行 20 次迭代：

```
model = Net()
if is_cuda:
    model.cuda()

optimizer = optim.SGD(model.parameters(),lr=0.01,momentum=0.5)
train_losses , train_accuracy = [],[]
val_losses , val_accuracy = [],[]
for epoch in range(1,20):
    epoch_loss, epoch_accuracy =
fit(epoch,model,train_loader,phase='training')
    val_epoch_loss , val_epoch_accuracy =
fit(epoch,model,test_loader,phase='validation')
    train_losses.append(epoch_loss)
    train_accuracy.append(epoch_accuracy)
```

```
        val_losses.append(val_epoch_loss)
        val_accuracy.append(val_epoch_accuracy)
```

以下程式碼繪製出了訓練損失值（training loss）和驗證損失值（validation loss）：

```
plt.plot(range(1,len(train_losses)+1),train_losses,'bo',label = 'training
loss')
plt.plot(range(1,len(val_losses)+1),val_losses,'r',label = 'validation
loss')
plt.legend()
```

上述程式碼生成的圖片如圖 5.14 所示：

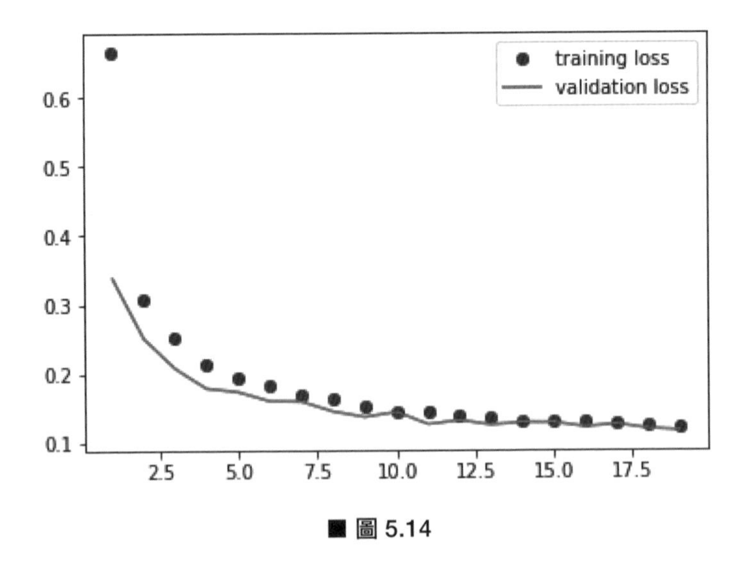

■ 圖 5.14

下面的程式碼繪製出了訓練準確率（train accuracy）和驗證準確率（validation accuracy）：

```
plt.plot(range(1,len(train_accuracy)+1),train_accuracy,'bo',label = 'train
accuracy')
plt.plot(range(1,len(val_accuracy)+1),val_accuracy,'r',label = 'val
accuracy')
plt.legend()
```

上述程式碼生成的圖片如圖 5.15 所示：

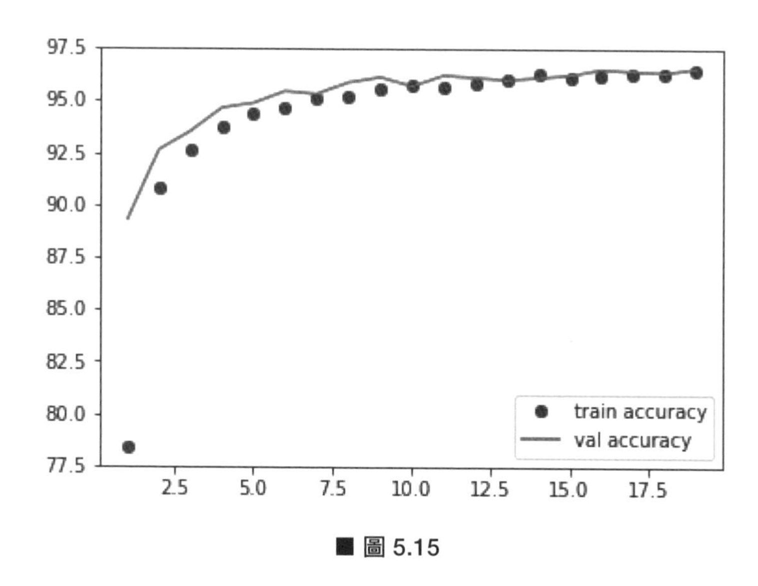

■ 圖 5.15

在 20 輪訓練完成後，測試的準確率達到了 98.9%；我們所使用的簡單卷積模型，幾乎達到最先進的結果。那麼，現在就讓我們來看看，如果在先前的 `Dogs vs. Cats` 資料集上嘗試相同的網路架構會產生什麼結果。我們將使用「第 2 章 _ 神經網路的構件」中的資料和 MNIST 範例中的架構並稍加修改，一旦訓練好了模型，我們會評估模型的效能，以瞭解架構表現的優異程度。

5.2.6 狗貓分類問題——從零開始建立 CNN

我們將使用相同的架構，並進行一些小更改，如下所示：

- 第一個線性層的輸入維度有所改變，因為貓和狗的圖片尺寸是（256, 256）。
- 添加另一個線性層來為模型學習提供更多的彈性。

讓我們來看看實作網路架構的程式碼：

```
class Net(nn.Module):
    def __init__(self):
        super().__init__()
        self.conv1 = nn.Conv2d(3, 10, kernel_size=5)
        self.conv2 = nn.Conv2d(10, 20, kernel_size=5)
        self.conv2_drop = nn.Dropout2d()
        self.fc1 = nn.Linear(56180, 500)
        self.fc2 = nn.Linear(500,50)
        self.fc3 = nn.Linear(50, 2)

    def forward(self, x):
        x = F.relu(F.max_pool2d(self.conv1(x), 2))
        x = F.relu(F.max_pool2d(self.conv2_drop(self.conv2(x)), 2))
        x = x.view(x.size(0),-1)
        x = F.relu(self.fc1(x))
        x = F.dropout(x, training=self.training)
        x = F.relu(self.fc2(x))
        x = F.dropout(x,training=self.training)
        x = self.fc3(x)
        return F.log_softmax(x,dim=1)
```

我們將使用 MNIST 範例裡的相同 `training` 函數，所以，這裡不再包含程式碼。不過，讓我們看一下模型訓練 20 次迭代後所生成的結果圖。

訓練和驗證資料集的損失值如圖 5.16 所示：

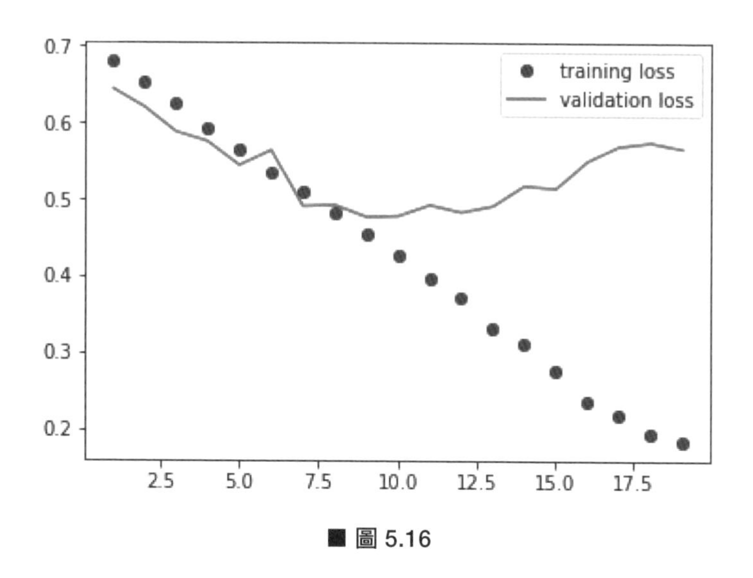

■ 圖 5.16

訓練和驗證資料集的準確率如圖 5.17 所示：

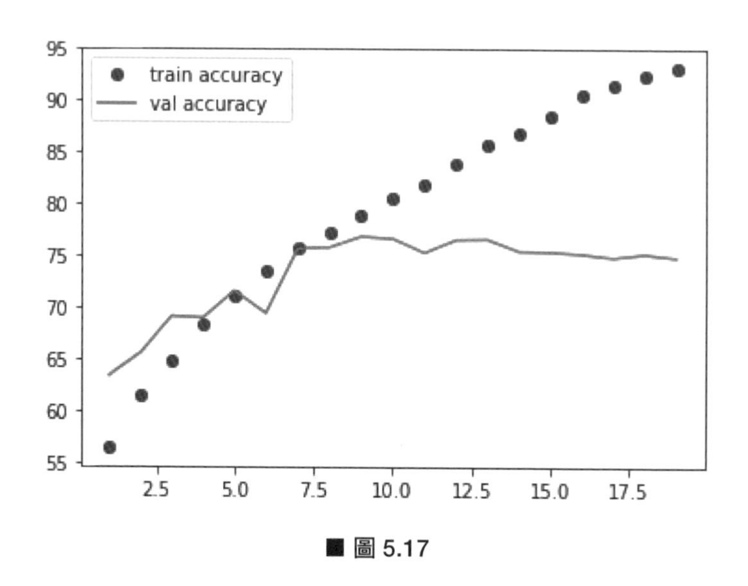

■ 圖 5.17

從圖中可以清楚地看出，每經過一次迭代，訓練集的損失都在減少，而驗證集的損失卻變得更糟。在訓練過程中，準確率也漸次增加，但到了 75% 時就幾乎飽和了。顯而易見，這是一個模型沒有泛化（generalizing）的例子。我們將研究另一種稱為**遷移學習**的技術，它可以幫助我們訓練更準確的模型，以及加快訓練的速度。

5.2.7 利用遷移學習進行狗貓影像分類

遷移學習（transfer learning）是指在類似的資料集上使用訓練好的演算法，而無須從頭開始訓練。人類並不是透過分析數千張相似圖片才得以辨識新的圖片。身為人類，我們只是因為瞭解不同特徵而能區分特定動物，比如分辨狐狸和狗，我們並不需要去學習線條、眼睛和其他較小的特徵來辨別出什麼是狐狸，我們真正要學習的是，該如何使用預訓練好的模型來建立僅需要極少資料的先進影像分類器。

CNN 架構的前幾層專注於較小的特徵，例如線條或曲線的外觀；隨後幾層中的過濾器任務是識別更高級別的特徵，例如眼睛和手指；最後的幾層，會學習識別出確切的類別。預訓練模型是在相似的資料集上進行訓練的演算法。大多數流行的演算法都在流行的 `ImageNet` 資料集上進行了預訓練，以識別 1,000 種不同的類別。這樣的預訓練模型具有可以識別多種模式的過濾器權重，且權重已經調整過；來瞭解一下如何利用這些預先訓練的權重。我們將研究一種名為 **VGG16** 的演算法，它是在 ImageNet 競賽中獲得成功的最早期演算法之一；雖然有更多的現代演算法，但該演算法至今仍然很受歡迎，因為它簡單易懂並可用於遷移學習。下面就來看看 VGG16 模型的架構（見圖 5.18），然後嘗試理解架構以及使用它來訓練我們的影像分類器。

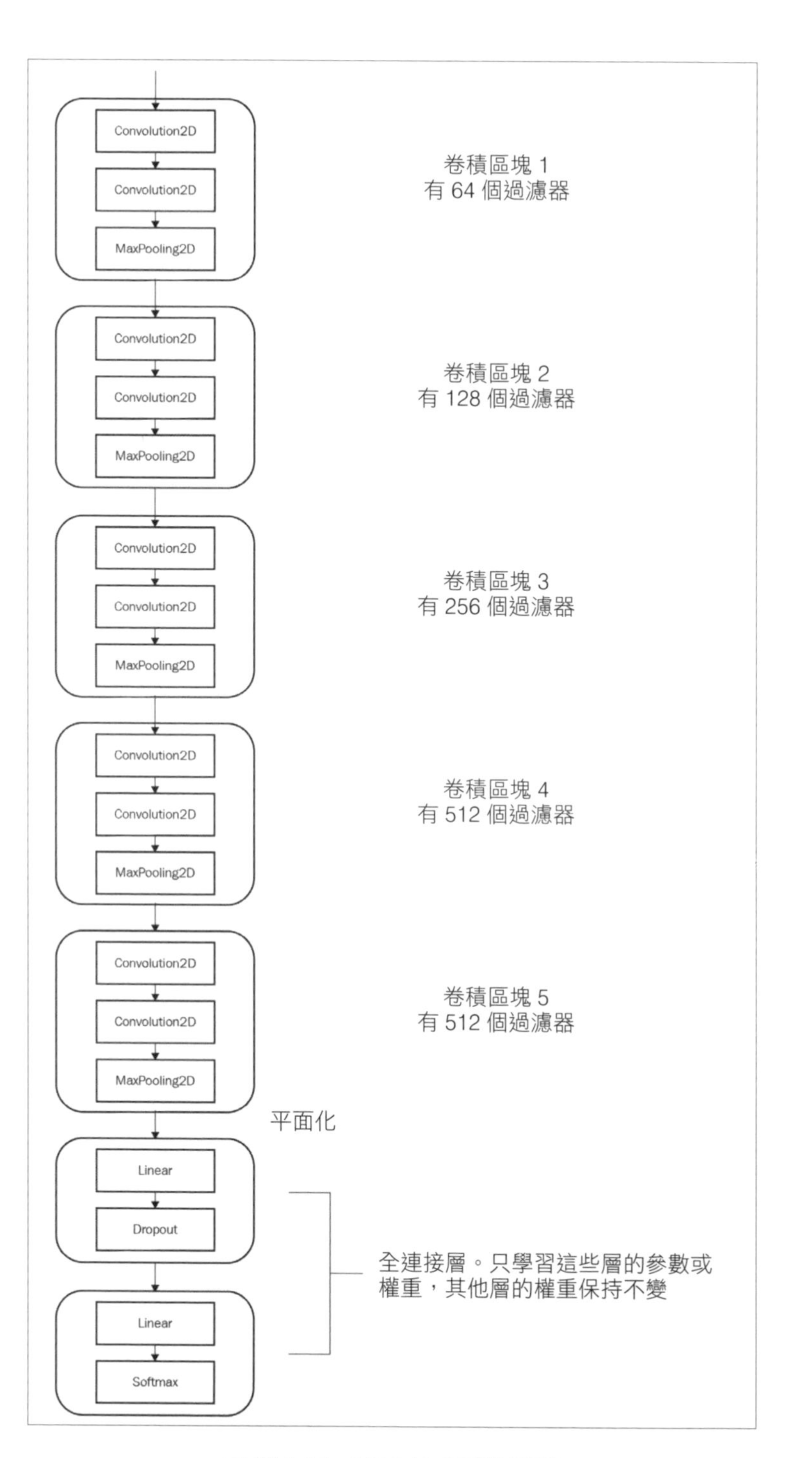

■ 圖 5.18 VGG16 模型的架構

VGG16 架構包含五個 VGG 區塊。每個 VGG 區塊是一組卷積層、一個非線性激勵函數和一個最大池化函數。所有演算法參數都是調整好的，可以達到辨識 1,000 個類別的最先進結果。該演算法以批量的形式提取輸入資料，這些資料透過 ImageNet 資料集的平均值和標準差進行正規化。在遷移學習中，我們嘗試透過凍結架構大部分層的學習參數來捕獲演算法的學習內容，普遍的實務做法是僅微調網路的最後幾層，而在這個例子中，我們只訓練最後幾個線性層並保持卷積層不變，因為卷積學習的特徵主要用於具有類似屬性的各種圖片相關問題。接下來要使用遷移學習訓練 VGG16 模型來對狗和貓的影像進行分類；我們來看看實作出這個結果所需要的不同步驟。

5.3 建立與探索 VGG16 模型

PyTorch 在 torchvision 程式庫中提供了一組訓練好的模型，這些模型大多數接受一個稱為 pretrained 的參數，當這個參數為 True 時，它會下載為 **ImageNet** 分類問題調整好的權重。讓我們看一下建立 VGG16 模型的程式碼片段：

```
from torchvision import models
vgg = models.vgg16(pretrained=True)
```

現在，我們有了已經預訓練好所有權重且可馬上使用的 VGG16 模型。當程式碼第一次執行時，可能需要幾分鐘時間，取決於網路的速度。權重的大小可能在 500MB 左右，我們可以透過列印快速查看 VGG16 模型。使用現代架構，對於理解這些網路的實作方法非常有用。我們來看看這個模型：

```
VGG (
  (features): Sequential (
    (0): Conv2d(3, 64, kernel_size=(3, 3), stride=(1, 1), padding=(1, 1))
    (1): ReLU (inplace)
    (2): Conv2d(64, 64, kernel_size=(3, 3), stride=(1, 1), padding=(1, 1))
    (3): ReLU (inplace)
    (4): MaxPool2d (size=(2, 2), stride=(2, 2), dilation=(1, 1))
```

```
    (5): Conv2d(64, 128, kernel_size=(3, 3), stride=(1, 1), padding=(1, 1))
    (6): ReLU (inplace)
    (7): Conv2d(128, 128, kernel_size=(3, 3), stride=(1, 1), padding=(1,
1))
    (8): ReLU (inplace)
    (9): MaxPool2d (size=(2, 2), stride=(2, 2), dilation=(1, 1))
    (10): Conv2d(128, 256, kernel_size=(3, 3), stride=(1, 1), padding=(1,
1))
    (11): ReLU (inplace)
    (12): Conv2d(256, 256, kernel_size=(3, 3), stride=(1, 1), padding=(1,
1))
    (13): ReLU (inplace)
    (14): Conv2d(256, 256, kernel_size=(3, 3), stride=(1, 1), padding=(1,
1))
    (15): ReLU (inplace)
    (16): MaxPool2d (size=(2, 2), stride=(2, 2), dilation=(1, 1))
    (17): Conv2d(256, 512, kernel_size=(3, 3), stride=(1, 1), padding=(1,
1))
    (18): ReLU (inplace)
    (19): Conv2d(512, 512, kernel_size=(3, 3), stride=(1, 1), padding=(1,
1))
    (20): ReLU (inplace)
    (21): Conv2d(512, 512, kernel_size=(3, 3), stride=(1, 1), padding=(1,
1))
    (22): ReLU (inplace)
    (23): MaxPool2d (size=(2, 2), stride=(2, 2), dilation=(1, 1))
    (24): Conv2d(512, 512, kernel_size=(3, 3), stride=(1, 1), padding=(1,
1))
    (25): ReLU (inplace)
    (26): Conv2d(512, 512, kernel_size=(3, 3), stride=(1, 1), padding=(1,
1))
    (27): ReLU (inplace)
    (28): Conv2d(512, 512, kernel_size=(3, 3), stride=(1, 1), padding=(1,
1))
    (29): ReLU (inplace)
    (30): MaxPool2d (size=(2, 2), stride=(2, 2), dilation=(1, 1))
  )
```

```
  (classifier): Sequential (
    (0): Linear (25088 -> 4096)
    (1): ReLU (inplace)
    (2): Dropout (p = 0.5)
    (3): Linear (4096 -> 4096)
    (4): ReLU (inplace)
    (5): Dropout (p = 0.5)
    (6): Linear (4096 -> 1000)
  )
)
```

模型摘要包含了兩個序列模型：features 和 classifiers。features sequential 模型包含了將要凍結的層。

5.3.1 凍結層

現在凍結包含卷積區塊的 features 模型所有層。凍結層中的權重將阻止這些卷積塊的權重被更新，由於模型的權重是訓練用來識別許多重要的特徵，因而我們的演算法從第一個迭代開始就具有這樣的能力；使用最初為不同使用案例訓練的模型權重，這樣的能力就稱為**遷移學習**。現在看一下如何凍結層的權重或參數：

```
for param in vgg.features.parameters(): param.requires_grad = False
```

該程式碼阻止了優化器更新權重。

5.3.2 微調 VGG16 模型

VGG16 模型被訓練來為 1,000 個類別進行分類，但沒有訓練針對狗和貓進行分類。因此，需要將最後一層的輸出特徵從 1000 改為 2。以下的程式碼片段執行了此步驟：

```
vgg.classifier[6].out_features = 2
```

vgg.classifier 可以訪問序列模型中的所有層，第六個元素將包含最後一個層。訓練 VGG16 模型時，只需要訓練分類器參數。因此，我們只將 classifier.parameters 傳入優化器，如下所示：

```
optimizer =
  optim.SGD(vgg.classifier.parameters(),lr=0.0001,momentum=0.5)
```


5.3.3 訓練 VGG16 模型

我們已經建立了模型和優化器。由於使用的是 Dogs vs. Cats 資料集，因此可以使用相同的資料載入器（data loader）和 train 函數來訓練模型。請記住，當訓練模型時，只有分類器內的參數會發生變化。下面的程式碼片段對模型進行 20 輪的訓練，在驗證集上達到了 98.45% 的準確率：

```
train_losses, train_accuracy =[],[]
val_losses, val_accuracy =[],[]
for epoch in range(1,20):
    epoch_loss, epoch_accuracy =
fit(epoch,vgg,train_data_loader,phase='training')
    val_epoch_loss,  val_epoch_accuracy =
fit(epoch,vgg,valid_data_loader,phase='validation')
    train_losses.append(epoch_loss)
    train_accuracy.append(epoch_accuracy)
    val_losses.append(val_epoch_loss)
    val_accuracy.append(val_epoch_accuracy)
```

將訓練損失值和驗證損失值視覺化，如圖 5.19 所示：

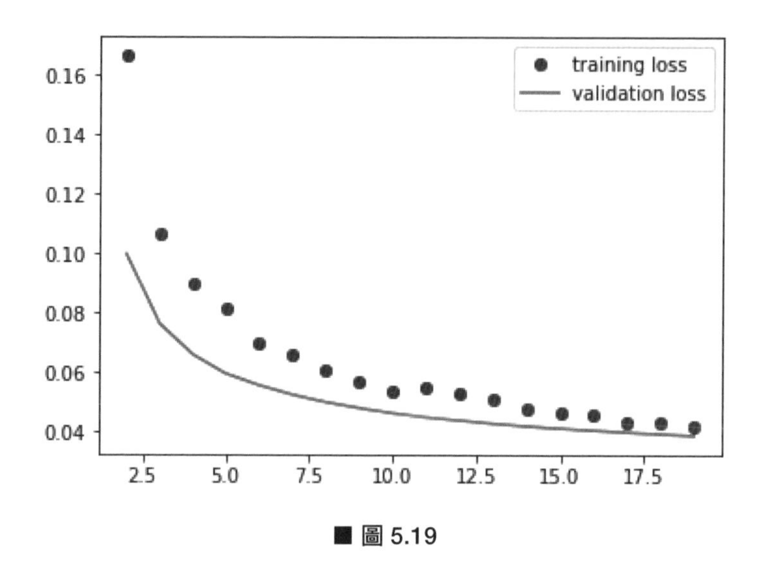

■ 圖 5.19

將訓練準確率和驗證準確率視覺化，如圖 5.20 所示：

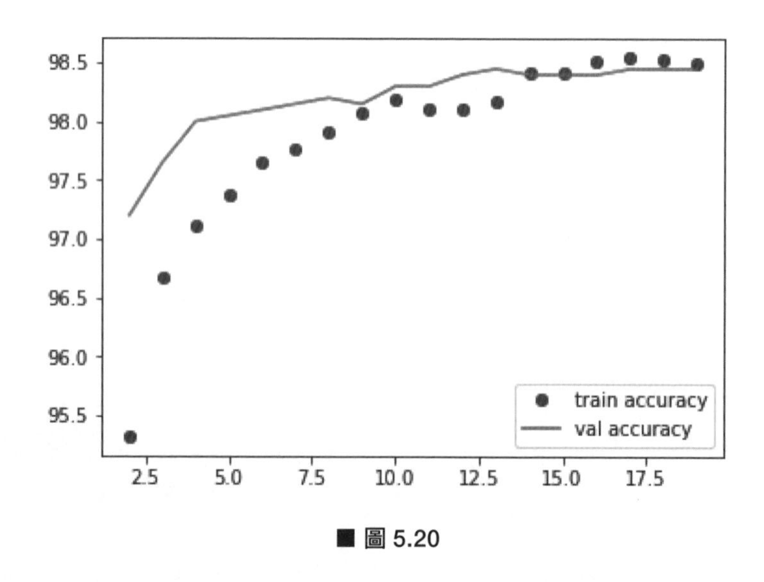

■ 圖 5.20

我們可以應用一些技巧，例如資料增強（data augmentation）和使用不同的 dropout 值來改進模型的泛化能力。下列程式碼片段將 VGG 分類器模組中的 dropout 值從 0.5 更改為 0.2 並訓練模型：

```
for layer in vgg.classifier.children():
    if(type(layer) == nn.Dropout):
        layer.p = 0.2

#訓練
train_losses, train_accuracy = [],[]
val_losses, val_accuracy = [],[]
for epoch in range(1,3):
    epoch_loss , epoch_accuracy =
fit(epoch,vgg,train_data_loader,phase='training')
    val_epoch_loss , val_epoch_accuracy =
fit(epoch,vgg,valid_data_loader,phase='validation')
    train_losses.append(epoch_loss)
    train_accuracy.append(epoch_accuracy)
    val_losses.append(val_epoch_loss)
    val_accuracy.append(val_epoch_accuracy)
```

透過幾輪的訓練，模型得到些許改善；還可以繼續嘗試使用不同的 dropout 值。改進模型泛化能力的另一個重要技巧是，添加更多資料或進行資料增強，在此我們則是將透過隨機水平翻轉圖片或小角度旋轉圖片來進行資料增強。torchvision 轉換為資料增強提供了不同的功能，它們可以動態地進行，每一輪都發生變化。我們利用以下程式碼實作資料增強：

```
train_transform =transforms.Compose([transforms.Resize((224,224)),
                                     transforms.RandomHorizontalFlip(),
                                     transforms.RandomRotation(0.2),
                                     transforms.ToTensor(),
                                     transforms.Normalize([0.485, 0.456,
0.406],    [0.229, 0.224, 0.225])
                                      ])

train = ImageFolder('dogsandcats/train/',train_transform)
```

```
valid = ImageFolder('dogsandcats/valid/',simple_transform)

#訓練

train_losses , train_accuracy =[],[]
val_losses, val_accuracy =[],[]
for epoch in range(1,3):
    epoch_loss, epoch_accuracy =
fit(epoch,vgg,train_data_loader,phase='training')
    val_epoch_loss, val_epoch_accuracy =
fit(epoch,vgg,valid_data_loader,phase='validation')
    train_losses.append(epoch_loss)
    train_accuracy.append(epoch_accuracy)
    val_losses.append(val_epoch_loss)
    val_accuracy.append(val_epoch_accuracy)
```

前面程式碼的輸出如下：

```
#結果

training loss is 0.041 and training accuracy is 22657/23000 98.51
validation loss is 0.043 and validation accuracy is 1969/2000 98.45
training loss is 0.04 and training accuracy is 22697/23000 98.68 validation
loss is 0.043 and validation accuracy is 1970/2000 98.5
```

使用增強資料訓練模型，僅僅執行兩輪就將模型的準確率提高了 0.1%；我們可以再多執行幾輪，以進一步改善模型。如果你在閱讀本書時一直在訓練這些模型，你將意識到每輪的訓練可能需要花上好幾分鐘，取決於執行時所用的 GPU。讓我們看一下可以在幾秒鐘內訓練一輪的技術。

5.4 計算預卷積特徵

當凍結卷積層和訓練模型時，全連接層或 dense 層（`vgg.classifier`）的輸入始終是相同的。為了更容易理解，讓我們將卷積區塊（在範例中為 `vgg.features` 區塊）視為具有已學習好的權重且在訓練期間不會更改的函數，因此，計算卷積特徵並保存下來將有助於我們提高訓練速度。訓練模型的時間減少了，是因為我們只計算一次這些特徵，而不是每輪都計算。我們結合圖 5.21 來理解並實作同樣的功能：

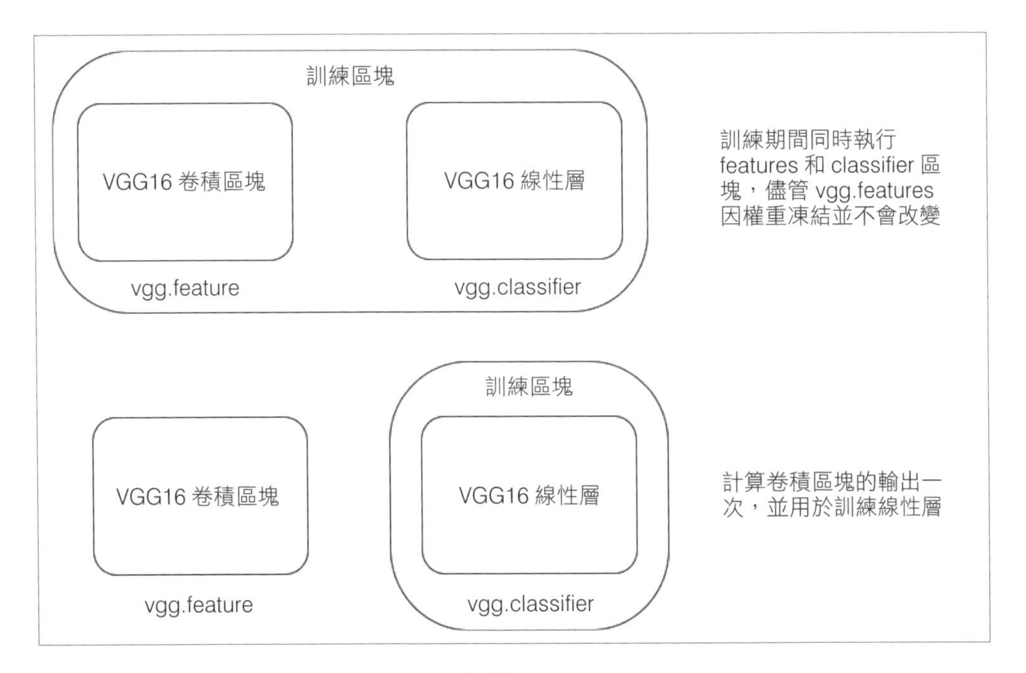

■ 圖 5.21

第一個框（圖的上半部分）描述了在一般情況下如何進行訓練，而這種訓練方法可能速度會很慢，因為儘管值不會改變，但仍為每輪計算卷積特徵。而在圖下方的框中，僅計算卷積特徵一次並只訓練線性層。為了計算預卷積特徵，我們將所有訓練資料傳給卷積區塊並保存它們。要實作這個步驟，需要選擇 VGG 模型的卷積區塊；幸運的是，VGG16 的 PyTorch 實作包含了兩個序列模型，所以只選擇第一個序列模型的特徵就可以了。以下程式碼執行了此操作：

```
vgg = models.vgg16(pretrained=True)
vgg = vgg.cuda()
features = vgg.features

train_data_loader =
torch.utils.data.DataLoader(train,batch_size=32,num_workers=3,shuffle=False
)
valid_data_loader=
torch.utils.data.DataLoader(valid,batch_size=32,num_workers=3,shuffle=False
)

def preconvfeat(dataset,model):
    conv_features =[]
    labels_list =[]
    for data in dataset:
        inputs,labels = data
        if is_cuda:
            inputs,labels = inputs.cuda(),labels.cuda()
        inputs,  labels = Variable(inputs),Variable(labels)
        output = model(inputs)
        conv_features.extend(output.data.cpu().numpy())
        labels_list.extend(labels.data.cpu().numpy())
    conv_features = np.concatenate([[feat] for feat in conv_features])
    return (conv_features,labels_list)

conv_feat_train,labels_train = preconvfeat(train_data_loader,features)
conv_feat_val,labels_val = preconvfeat(valid_data_loader,features)
```

在上面的程式碼中，preconvfeat 方法接受資料集和 vgg 模型，並返回卷積特徵以及與之關聯的標籤。程式碼的其餘部分，則類似於在其他範例中用於建立資料載入器和資料集的程式碼。

獲得了 train 和 validation 集的卷積特徵後，讓我們建立 PyTorch 的 Dataset 和 DataLoader 類別，這將能簡化訓練過程。以下程式碼為卷積特徵建立了 Dataset 和 DataLoader 類別：

```
class My_dataset(Dataset):
    def __init__(self,feat,labels):
        self.conv_feat = feat
        self.labels = labels
    def __len__(self):
        return len(self.conv_feat)
    def __getitem__(self,idx):
        return self.conv_feat[idx],self.labels[idx]

train_feat_dataset = My_dataset(conv_feat_train,labels_train)
val_feat_dataset = My_dataset(conv_feat_val,labels_val)

train_feat_loader =
  DataLoader(train_feat_dataset,batch_size=64,shuffle=True)
val_feat_loader =
  DataLoader(val_feat_dataset,batch_size=64,shuffle=True)
```

由於有新的資料載入器可以生成批次的卷積特徵以及標籤，因此可以使用與另一個例子相同的 train 函數。我們現在將使用 vgg.classifier 作為建立 optimizer 和 fit 方法的模型。下面的程式碼訓練分類器模組以識別狗和貓。在 Titan X GPU 上，每輪訓練不到五秒鐘（同樣步驟在其他 CPU 上可能需要幾分鐘）：

```
train_losses , train_accuracy = [],[]
val_losses , val_accuracy = [],[]
for epoch in range(1,20):
    epoch_loss, epoch_accuracy =
fit_numpy(epoch,vgg.classifier,train_feat_loader,phase='training')
    val_epoch_loss , val_epoch_accuracy =
fit_numpy(epoch,vgg.classifier,val_feat_loader,phase='validation')
    train_losses.append(epoch_loss)
    train_accuracy.append(epoch_accuracy)
    val_losses.append(val_epoch_loss)
    val_accuracy.append(val_epoch_accuracy)
```

5.5 理解 CNN 模型如何學習

深度學習模型常常被認為是不可解釋的，但是人們正在探索不同的技術來解釋這些模型內的情形。對於圖片，由卷積神經網路學習的特徵是可解釋的；我們將探索兩種流行的技術來理解卷積神經網路。

5.5.1 視覺化中間層的輸出

視覺化中間層的輸出將有助於我們理解輸入圖片在不同層之間如何進行轉換。通常，每層的輸出稱為**激勵（activation）**。為了進行視覺化，我們需要提取中間層的輸出，有幾種不同的方式可以完成提取。PyTorch 提供了一個名為 `register_forward_hook` 的方法，它允許傳入一個可以提取特定層輸出的函數。

在預設情況下，為了以最佳方式使用記憶體，PyTorch 模型僅儲存最後一層的輸出，因此，在檢查中間層的激勵之前，需要瞭解如何從模型中提取輸出。我們先看看下面用於提取輸出的程式碼片段，然後再進行詳細介紹：

```
vgg = models.vgg16(pretrained=True).cuda()

class LayerActivations():
    features=None
    def __init__(self,model,layer_num):
        self.hook = model[layer_num].register_forward_hook(self.hook_fn)
    def hook_fn(self,module,input,output):
        self.features = output.cpu()
    def remove(self):
        self.hook.remove()

conv_out = LayerActivations(vgg.features,0)

o = vgg(Variable(img.cuda()))

conv_out.remove()

act = conv_out.features
```

首先建立一個預先訓練的 VGG 模型，並從中提取特定層的輸出。LayerActivations 類別指示 PyTorch 將一層的輸出保存到 features 變數。讓我們來看看 LayerActivations 類別中的每個函數。

init 函數取得模型以及用於將輸出提取成參數的層編號，我們在層上呼叫 register_forward_hook 方法並傳入函數。當 PyTorch 進行前向傳播時——也就是當圖片透過層傳輸時——呼叫傳給 register_forward_hook 方法的函數。此方法返回一個控制代碼（handle），該控制代碼可用於註銷傳給 register_forward_hook 方法的函數。

register_forward_hook 方法將三個值傳入我們傳給它的函數。第一個參數 module 允許我們訪問層本身；第二個參數是 input，它指的是流經層的資料；第三個參數是 output，它允許訪問層轉換後的輸入或激勵（輸出），然後將輸出存在 LayerActivations 類別中的 features 變數。

第三個函數取得 _init_ 函數的鉤子（hook）並註銷該函數。現在可以傳入正在尋找的激勵（activation）之模型以及層編號。讓我們看看為圖 5.22 建立不同層的激勵：

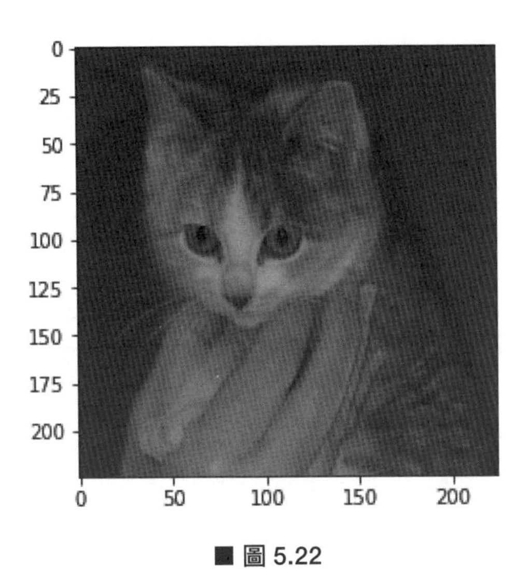

■ 圖 5.22

視覺化第一個卷積層建立的激勵和使用的程式碼：

```
fig = plt.figure(figsize=(20,50))
fig.subplots_adjust(left=0,right=1,bottom=0,top=0.8,hspace=0,
  wspace=0.2)
for i in range(30):
    ax = fig.add_subplot(12,5,i+1,xticks=[],yticks=[])
    ax.imshow(act[0][i])
```

視覺化第五個卷積層建立的一些激勵，如圖 5.23 所示：

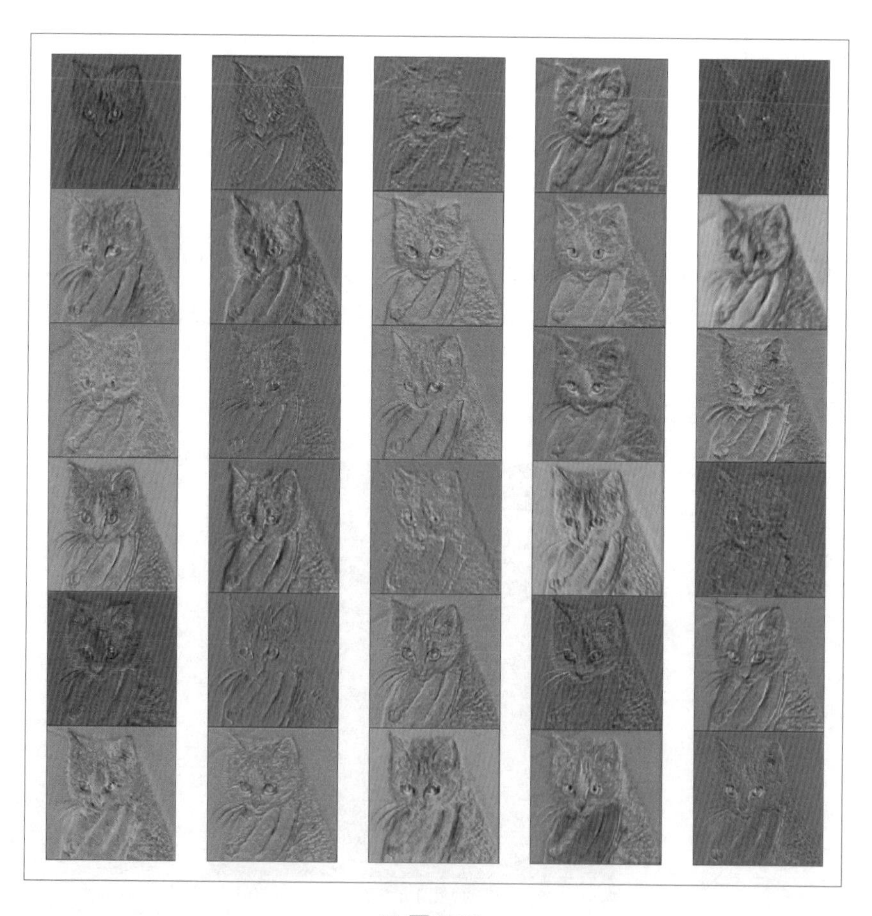

■ 圖 5.23

來看最後一個 CNN 層，如圖 5.24 所示：

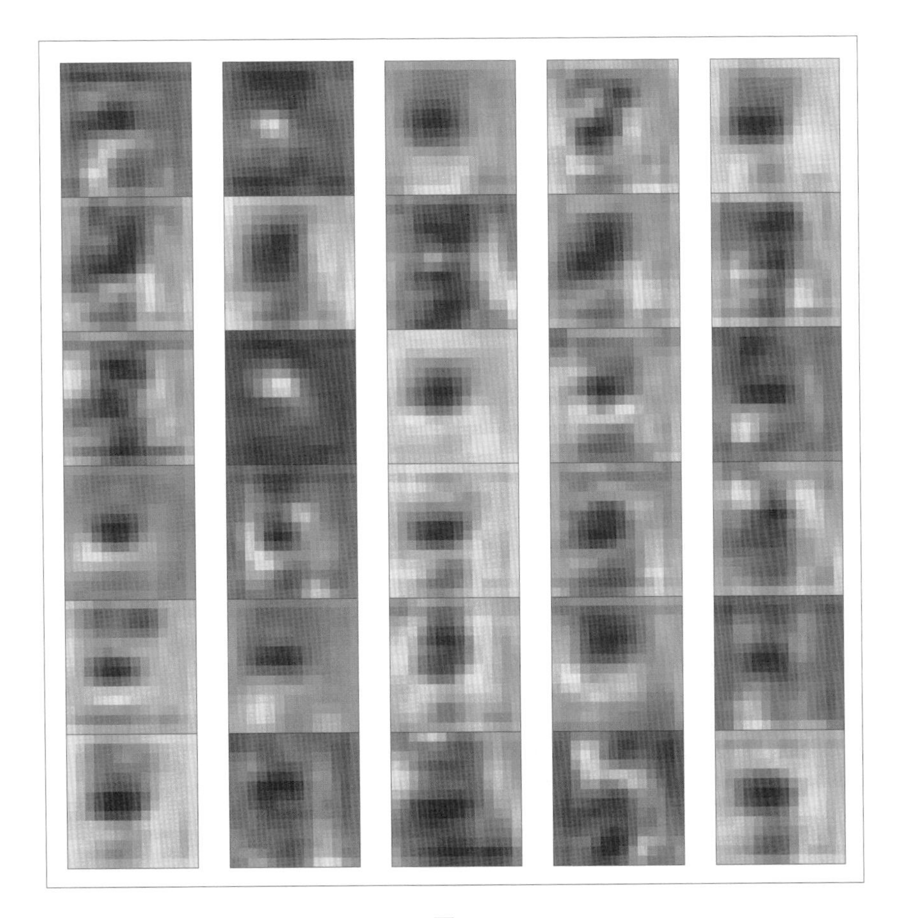

■ 圖 5.24

從不同的層生成的激勵來看，可以看出前面的層偵測線條和邊緣，最後幾層傾向於學習更高層次的特徵，但解釋性較差。在視覺化權重之前，來看看在 ReLU 層之後，特徵圖或激勵如何自我表示。所以，現在讓我們視覺化第二層的輸出。

如果快速查看圖 5.24 第二行中的第五張圖片，你會發現它看起來像是過濾器正在偵測圖片中的眼睛。當模型不能執行時，這些視覺化技巧可以幫助我們理解模型可能無法正常運作的原因。

5.6 CNN 層的視覺化權重

獲取特定層的模型權重非常簡單，可以透過 state_dict 函數訪問所有模型權重。state_dict 函數返回一個字典，其中鍵（key）是層，值（value）是權重。下方的程式碼示範了如何為特定層拉取（pull）權重並將其視覺化：

```
vgg.state_dict().keys()
cnn_weights = vgg.state_dict()['features.0.weight'].cpu()
```

上述程式碼提供了如圖 5.25 所示的輸出：

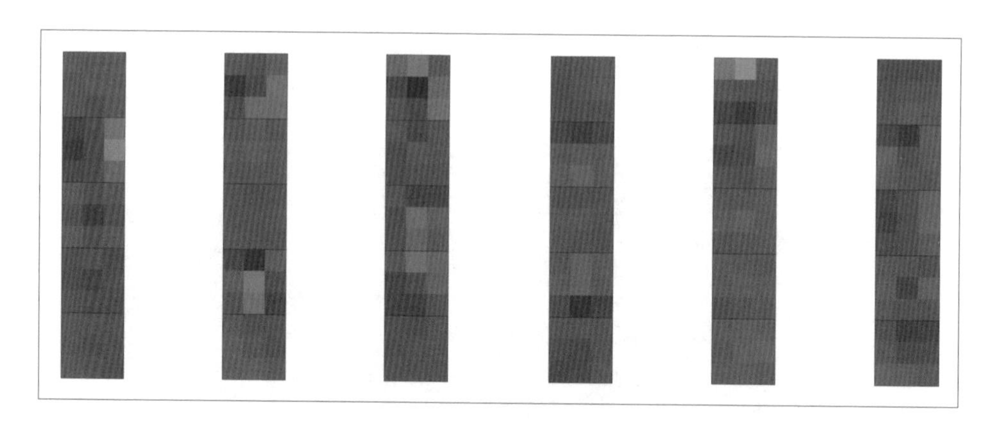

■ 圖 5.25

每個框表示大小為 3×3 的過濾器權重，每個過濾器都經過訓練以識別圖片中的某些模式。

5.7 小結

本章講解了如何使用卷積神經網路建立影像分類器，以及如何使用預先訓練的模型；同時也說明使用預卷積特徵加快訓練過程的方法，此外還介紹了用來理解CNN 內部情況的不同技術應用。

下一章將會學到如何使用遞迴神經網路處理序列資料。

LEARNING

06

序列資料和文本的深度學習

在上一章中，我們討論了如何利用卷積神經網路處理帶有空間資訊的資料，以及如何建立影像分類器。本章將討論以下主題：

- 用於建立深度學習模型的不同文本資料表示法。
- 理解**遞迴神經網路**（recurrent neural networks, RNNs）及其不同實作，例如**長短期記憶**（long short-term memory, LSTM）網路和**門控循環單元**（gated recurrent unit, GRU），它們為大多數深度學習模型提供文本和序列資料。
- 為序列資料使用一維卷積。

可以使用 RNN 建立的一些應用如下：

- **文件分類器**（document classifier）：識別推文或評論的情感，對新聞文章進行分類。
- **序列到序列的學習**（sequence-to-sequence learning）：例如語言翻譯，將英語轉換成法語的任務。
- **時間序列預測**（time-series forecasting）：根據前幾天某商店銷售的詳細資訊，預測該商店未來的銷售情況。

6.1 使用文本資料

文本是常用的序列資料（sequential data）類型之一。文本資料可以看作是一個字元（character）序列或單詞（word）的序列。對大多數問題，我們通常都將文本看作單詞序列。深度學習序列模型（如 RNN 及其變體）能夠從文本資料中學習重要的模式，而這些模式可以解決類似以下領域中的問題：

- 自然語言理解
- 文獻分類
- 情感分類

這些序列模型還可以作為各種系統的重要組成部分，例如**問答（question and answering, QA）系統**。

雖然這些模型在建立這些應用程式時非常有用，但由於人類語言固有的複雜性，模型並不能真正理解人類的語言；這些序列模型能夠做到的是，成功地找到可執行不同任務的有用模式。將深度學習應用於文本是一個快速發展的領域，每個月都有許多新技術出現，我們將會介紹為大多數現代深度學習應用提供支援的基本組件。

就像其他的機器學習模型，深度學習模型並不能理解文本，因此需要將文本轉換為數值表示的形式。這個將文本轉換為數值表示形式的過程稱為**向量化（vectorization）**過程，可以用不同方法來完成，概括如下：

- 將文本轉換為單詞，並將每個單詞表示為向量
- 將文本轉換為字元，並將每個字元表示為向量
- 建立詞的 *n* 元（*n*-gram），並將其表示為向量

文本資料可以分解成上述的這些表示。每一個較小的文本單元稱為**句元（token）**，將文本分解成句元的過程則稱為**句元化（tokenization）**；在 Python 中有很多強大的程式庫可以用來進行句元化。一旦將文本資料轉換為句元序列，那麼就需要將每個句元映射到向量；獨熱編碼（one-hot encoding）和詞嵌入（word embedding）是將句元映射到向量最普遍使用的兩種方法。我們將文本轉換為向量表示的步驟歸納如下：

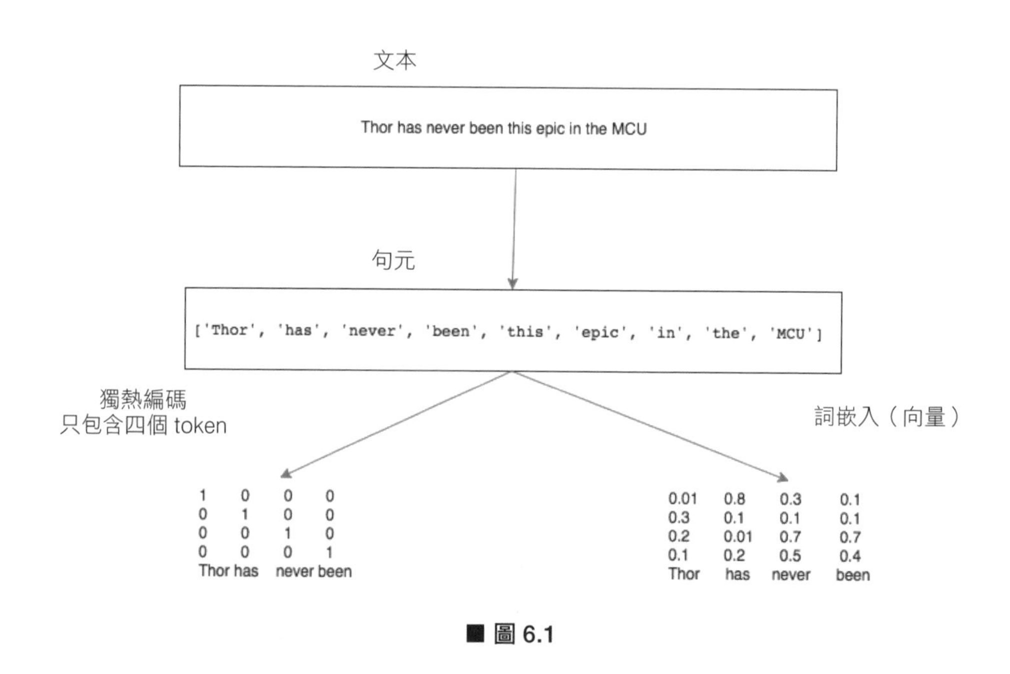

■ 圖 6.1

下面的小節將更詳細介紹句元化、*n* 元表示法和向量化。

6.1.1 句元化（tokenization）

將給定的一個句子分為字元或單詞的過程稱為**句元化**，諸如 spaCy 等的一些程式庫，它們為句元化提供了複雜的解決方案；讓我們使用簡單的 Python 函數（如 `split` 和 `list`）將文本轉換為句元。

為了示範句元化如何作用於字元和單詞，讓我們看一段關於電影《雷神索爾 3：諸神黃昏》（*Thor: Ragnarok*）的一則簡短評論，並將對這段文本進行句元化處理：

*The action scenes were top notch in this movie. Thor has never been this epic in the MCU. He does some pretty epic sh*t in this movie and he is definitely not under-powered anymore. Thor in unleashed in this, I love that.*

將文本轉換為字元

Python 的 list 函數接受一個字串（string）並將其轉換為單個字元的列表，這樣做就完成了文本轉換為字元的工作。下面是使用的程式碼及其結果：

```
thor_review = "the action scenes were top notch in this movie. Thor has
never been this epic in the MCU. He does some pretty epic sh*t in this
movie and he is definitely not under-powered anymore. Thor in unleashed in
this, I love that."

Print(list(thor_review))
```

以下是結果：

```
#結果
['t', 'h', 'e', ' ', 'a', 'c', 't', 'i', 'o', 'n', ' ', 's', 'c', 'e', 'n',
'e', 's', ' ', 'w', 'e', 'r', 'e', ' ', 't', 'o', 'p', ' ', 'n', 'o', 't',
'c', 'h', ' ', 'i', 'n', ' ', 't', 'h', 'i', 's', ' ', 'm', 'o', 'v', 'i',
'e', '.', ' ', 'T', 'h', 'o', 'r', ' ', 'h', 'a', 's', ' ', 'n', 'e', 'v',
'e', 'r', ' ', 'b', 'e', 'e', 'n', ' ', 't', 'h', 'i', 's', ' ', 'e', 'p',
'i', 'c', ' ', 'i', 'n', ' ', 't', 'h', 'e', ' ', 'M', 'C', 'U', '.', ' ',
'H', 'e', ' ', 'd', 'o', 'e', 's', ' ', 's', 'o', 'm', 'e', ' ', 'p', 'r',
'e', 't', 't', 'y', ' ', 'e', 'p', 'i', 'c', ' ', 's', 'h', '*', 't', ' ',
'i', 'n', ' ', 't', 'h', 'i', 's', ' ', 'm', 'o', 'v', 'i', 'e', ' ', 'a',
'n', 'd', ' ', 'h', 'e', ' ', 'i', 's', ' ', 'd', 'e', 'f', 'i', 'n', 'i',
't', 'e', 'l', 'y', ' ', 'n', 'o', 't', ' ', 'u', 'n', 'd', 'e', 'r', '-',
'p', 'o', 'w', 'e', 'r', 'e', 'd', ' ', 'a', 'n', 'y', 'm', 'o', 'r', 'e',
'.', ' ', 'T', 'h', 'o', 'r', ' ', 'i', 'n', ' ', 'u', 'n', 'l', 'e', 'a',
's', 'h', 'e', 'd', ' ', 'i', 'n', ' ', 't', 'h', 'i', 's', ',', ' ', 'I',
' ', 'l', 'o', 'v', 'e', ' ', 't', 'h', 'a', 't', '.']
```

結果展示了簡單的 Python 函數如何將文本轉換為 token。

將文本轉換為單詞

我們將使用 Python 字串物件函數中的 split 函數將文本分解為單詞，split 函數會接受一個參數，並根據該參數將文本拆分為句元。在我們的範例中，將使用空格作為分隔符號。以下的程式碼片段示範了如何使用 Python 的 split 函數將文本轉換為單詞：

```
print(Thor_review.split())

#結果

['the', 'action', 'scenes', 'were', 'top', 'notch', 'in', 'this', 'movie.',
'Thor', 'has', 'never', 'been', 'this', 'epic', 'in', 'the', 'MCU.','He',
'does', 'some', 'pretty', 'epic', 'sh*t, 'in', 'this', 'movie', 'and',
'he','is', 'definitely', 'not', 'under-powered', 'anymore.', 'Thor', 'in',
'unleashed', 'in', 'this,', 'I', 'love', 'that.']
```

在前面的程式碼中，我們沒有使用任何的分隔符號，在預設情況下，split 函數使用空格來分隔。

n 元（n-gram）表示法

我們已經看到文本是如何表示為字元和單詞，有時候一起查看兩三個或更多個單詞是非常有用的。從給定文本中提取的一組單詞稱為 *n* 元（*n*-gram）。在 *n*-gram 中，*n* 表示可以一起使用的單詞數。來看一下 bigram（二元，當 *n*=2 時）的例子：我們使用 Python 的 nltk 套件為 thor_review 生成一個 bigram，以下程式碼顯示了 bigram 的結果以及用於生成它的程式碼：

```
from nltk import ngrams

print(list(ngrams(thor_review.split(),2)))

#結果
[('the', 'action'), ('action', 'scenes'), ('scenes', 'were'), ('were',
'top'), ('top', 'notch'), ('notch', 'in'), ('in', 'this'), ('this',
'movie.'), ('movie.', 'Thor'), ('Thor', 'has'), ('has', 'never'), ('never',
```

```
'been'), ('been', 'this'), ('this', 'epic'), ('epic', 'in'), ('in', 'the'),
('the','MCU.'), ('MCU.', 'He'), ('He', 'does'), ('does', 'some'), ('some',
'pretty'), ('pretty', 'epic'), ('epic', 'sh*t'), ('sh*t','in'), ('in',
'this'), ('this', 'movie'), ('movie', 'and'), ('and', 'he'), ('he', 'is'),
('is', 'definitely'), ('definitely', 'not'), ('not', 'under-powered'),
('under-powered', 'anymore.'), ('anymore.', 'Thor'), ('Thor', 'in'), ('in',
'unleashed'), ('unleashed', 'in'), ('in', 'this,'), ('this,',' I'), ('I',
'love'), ('love', 'that.')]
```

ngrams 函數接受一個單詞的序列作為第一個參數，並將組合單詞的個數作為第二個參數。以下程式碼顯示了 trigram（三元，當 *n*=3 時）表示的結果，以及用於實作此結果的程式碼：

```
print(list(ngrams(thor_review.split(),3)))

#結果

[('the', 'action', 'scenes'), ('action', 'scenes', 'were'), ('scenes',
'were', 'top'), ('were', 'top', 'notch'), ('top', 'notch', 'in'), ('notch',
'in', 'this'), ('in', 'this', 'movie.'), ('this', 'movie.', 'Thor'),
('movie. ', 'Thor', 'has'), ('Thor', 'has', 'never'), ('has', 'never',
'been'), ('never', 'been', 'this'), ('been', 'this', 'epic'), ('this',
 'epic', 'in'), ('epic', 'in','the'), ('in', 'the', 'MCU.'), ('the',
'MCU.','He'), ('MCU.', 'He', 'does'), ('He', 'does', 'some'), ('does',
'some', 'pretty'), ('some', 'pretty', 'epic'), ('pretty', 'epic', 'sh*t'),
('epic', 'sh*t','in'), ('sh*t','in', 'this'), ('in', 'this', 'movie'),
('this', 'movie', 'and'), ('movie', 'and', 'he'), ('and','he', 'is'),
('he', 'is', 'definitely'), ('is', 'definitely', 'not'), ('definitely',
'not', 'under-powered'), ('not', 'under-powered', 'anymore.'), ('under-
powered', 'anymore.', 'Thor'), ('anymore.', 'Thor', 'in'), ('Thor', 'in',
'unleashed'), ('in', 'unleashed', 'in'), ('unleashed', 'in','this,'),
( 'in', 'this, ', 'I'), ( 'this', 'I', 'love'), ( 'I','love','that.')]
```

在上述程式碼中，唯一改變的只有函數的第二個參數——*n* 的值。

許多監督式機器學習模型，例如樸素貝斯（naive Bayes），都是使用 *n*-gram 來改善它的特徵空間。*n*-gram 同樣也可用於執行拼字校正和文本摘要的任務。

但是 *n*-gram 表示法的一個問題在於，它失去了文本原有的順序性。通常它是和淺層機器學習（shallow machine learning）模型一起使用的，這種技術很少用於深度學習，因為 RNN 和 Conv1D 等架構會自動學習這些表示法。

6.1.2 向量化

將生成的 token 映射到數字向量有兩種較流行的方法，稱為**獨熱編碼（one-hot encoding）**和**詞嵌入（word embedding）**。讓我們透過編寫一個簡單的 Python 程式來理解如何將 token 轉換為這些向量表示，並討論每一種方法各自的優缺點。

one-hot 編碼

在 one-hot 編碼中，每個 token 都由長度為 *N* 的向量來表示，其中 *N* 是詞彙表（vocabulary）的大小，而詞彙表則是文件中唯一單詞的總數。讓我們用一個簡單的句子來觀察每個 token 是如何表示為 one-hot 編碼的向量，下面是句子及其相關的 token 表示：

An apple a day keeps doctor away said the doctor.

上面句子的 one-hot 編碼可以用表格形式來進行表示，如下所示：

An	100000000
apple	010000000
a	001000000
day	000100000
keeps	000010000
doctor	000001000
away	000000100
said	000000010
the	000000001

該表描述了 token 及其 one-hot 編碼的表示。因為句子中有九個唯一的單詞，所以這裡的向量長度為 9。許多機器學習程式庫已經簡化了建立 one-hot 編碼變數的過程，我們將編寫自己的程式碼來實作這個過程讓大家更易於理解，且可以使用相同的實作來建立後續範例所需的其他功能。以下程式碼包含了 `Dictionary` 類別，這個類別具有建立唯一單詞之詞彙表的功能，以及為特定單詞返回其 one-hot 編碼向量的函數。讓我們來看看程式碼，然後詳細解說每個功能：

```
class Dictionary(object):
    def __init__(self):
        self.word2idx = {}
        self.idx2word = []
        self.length = 0
    def add_word(self, word):
        if word not in self.idx2word:
            self.idx2word.append(word)
            self.word2idx[word] = self.length + 1
            self.length += 1
        return self.word2idx[word]
    def __len__(self):
        return len(self.idx2word)
    def onehot_encoded(self, word):
        vec = np.zeros(self.length)
        vec[self.word2idx[word]] = 1
        return vec
```

上述程式碼提供了三個重要功能：

- 初始化函數 `__init__` 建立一個 `word2idx` 字典，它將所有唯一單詞與索引一起儲存。`idx2word` 列表儲存的是所有唯一單詞，而 `length` 變數則是文件中唯一單詞的總數。
- 在單詞各為一個的前提下，`add_word` 函數接受一個單詞，並將它加到 `word2idx` 和 `idx2word` 中，同時增加詞彙表的長度。
- `onehot_encoded` 函數接受一個單詞並返回一個長度為 N，除了當前單詞的索引外其餘位置全為 0 的向量。假設傳入單詞的索引是 2，那麼向量在索引 2 位置的值是 1，其餘索引位置的值全為 0。

在定義好了 Dictionary 類別之後，就可以準備在 thor_review 資料上使用它。以下程式碼示範如何建立 word2idx 以及如何呼叫 onehot_encoded 函數：

```
die = Dictionary()

for tok in thor_review.split():
    dic.add_word(tok)

print(dic.word2idx)
```

上述程式碼的輸出如下：

```
#word2idx 的結果

{'the': 1, 'action': 2, 'scenes': 3, 'were': 4, 'top': 5, 'notch': 6, 'in':
7, 'this': 8, 'movie.': 9, 'Thor': 10, 'has': 11, 'never': 12, 'been': 13,
'epic': 14, 'MCU.': 15, 'He': 16, 'does': 17, 'some': 18, 'pretty': 19,
'sh*t': 20, 'movie': 21, 'and': 22, 'he': 23, 'is': 24, 'definitely': 25,
'not': 26, 'under-powered': 27, 'anymore.': 28, 'unleashed': 29, 'this,':
30, 'I': 31, 'love': 32, 'that.': 33}
```

單詞 were 的 one-hot 編碼如下：

```
#單詞 'were' 的 one-hot 編碼
dic.onehot_encoded('were')
array([0., 0., 0., 0., 1., 0., 0., 0., 0., 0., 0., 0., 0., 0., 0., 0., 0.,
       0., 0., 0., 0., 0., 0., 0., 0., 0., 0., 0., 0., 0., 0., 0., 0.,])
```

使用 one-hot 表示也有缺點，其中之一就是資料太稀疏了，並且隨著詞彙表中唯一單詞數量的增加，向量大小會迅速增加，由於有這樣的侷限性存在，因此很少在深度學習中使用。

詞嵌入（word embedding）

在深度學習演算法所解決的問題中，詞嵌入是一種廣泛用於表示文本資料的方法，它提供了一種用浮點數（floating number）填充單詞的密集表示法。向量的維度根據詞彙表的大小而變化，通常使用的維度大小為 50、100、256、300，有時為 1,000 的詞嵌入。這裡的維度大小，就是在訓練階段需要使用的超參數。

如果試圖用 one-hot 表示法來表示大小為 20,000 的詞彙表，那麼將得到 20,000×20,000 個數字，並且其中大部分都為 0。同樣的詞彙表可以用詞嵌入表示法表示為 20,000× 維度大小，其中，維度的大小可以是 10、50、300…等。

建立詞嵌入的一種方法，是為每個包含隨機數字的 token 從密集向量開始，然後訓練諸如文件分類器或情感分類器的模型。表示 token 的浮點數會進行調整，它的調整方式是使語義上更接近的單詞具有相似的表示法。圖 6.2 可以幫助大家理解這個部分，它根據五部電影的二維點圖畫出其詞嵌入。

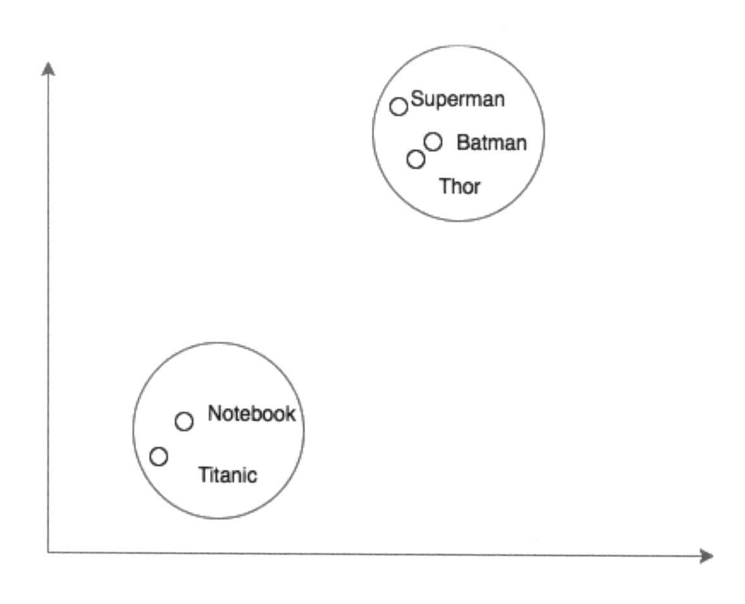

■ 圖 6.2

圖 6.2 顯示了如何調整密集向量，以使其在語義上相似的單詞距離更接近。由於**《超人》（Superman）**、**《雷神》（Thor）**和**《蝙蝠俠》（Batman）**等電影都是根據漫畫改編的動作片，所以這些詞嵌入向量會更接近，而電影**《鐵達尼號》（Titanic）**的詞嵌入向量離那些動作片的點較遠，反而跟電影**《手札情緣》（Notebook）**較為接近，因為它們都是同類型的浪漫愛情片。

在資料太少時，學習詞嵌入可能行不通，在這種情況下，可以使用由其他機器學習演算法訓練好的詞嵌入；這種由另一個任務生成的嵌入，稱為**預訓練（pretrained）**詞嵌入。接下來將學習如何建立我們自己的詞嵌入以及使用預訓練詞嵌入。

6.2 透過建立情感分類器訓練詞嵌入

在上一節中，我們對詞嵌入有了概括認識，但並沒有實作它。在本節中，我們將下載一個名為 `IMDB` 的電影資料集，當中包含了電影評論，然後建立一個用於計算評論的情感是正面、負面還是未知的情感分類器。在建立過程中，也將為 `IMDB` 資料集中存在的單詞進行詞嵌入的訓練。我們會使用一個 `torchtext` 的程式庫，這個程式庫可以使下載資料、向量化文本和批次處理等許多過程變得更加簡單。訓練情感分類器包含以下五個步驟：

1. 下載 IMDB 資料並對文本進行句元化處理。
2. 建立詞彙表。
3. 生成向量的批次資料。
4. 使用詞嵌入建立網路模型。
5. 訓練模型。

6.2.1 下載 IMDB 資料並對文本進行句元化處理

我們使用過 torchvision 程式庫進行電腦視覺方面的應用，這個程式庫提供了許多實用功能，並幫助我們建立電腦視覺應用程式。同樣地，還有一個稱為 torchtext 的程式庫，它也是 PyTorch 的一部分，與 PyTorch 一起工作，透過為文本提供不同的資料載入器和抽象工作，簡化了許多自然語言處理（NLP）相關的活動。在本書寫作當下，torchtext 沒有包含在 PyTorch 套件內，需要另外安裝。可以在電腦的命令列中執行以下的程式碼來安裝 torchtext：

```
pip install torchtext
```

安裝完成後就可以開始使用它了。torchtext 提供了兩個重要的模組：torchtext.data 和 torchtext.datasets。

> **NOTE**
>
> 可以從 Kaggle 官網搜索並下載 IMDB 電影資料集，連結如下：
> https://www.kaggle.com/orgesleka/imdbmovies

torchtext.data

torchtext.data 實例定義了一個名為 Field 的類別，它可以定義資料如何讀取和如何句元化。讓我們看看下面的範例，並使用它來準備 IMDB 資料集：

```
from torchtext import data
TEXT = data.Field(lower=True, batch_first=True,fix_length=20)
LABEL = data.Field(sequential=False)
```

在上述程式碼中，我們定義了兩個 Field 物件，一個用於實際的文本，另一個用於標籤資料。對於實際的文本，我們期望 torchtext 將所有文本都小寫處理並對文本進行句元化，同時將其修整為最大長度為 20；如果我們正在為生產環境建立應用程式，則可以將長度修改為較大的數字。當然，對於當前練習的例子，20 的長度夠用了。Field 的建構函數（constructor，或稱建構子）還接受另一個名為 **tokenize** 的參數，該參數在預設情況下使用 str.split 函數，此外，還可以指定 spaCy 作為參數或任何其他句元化器（tokenizer）；我們的例子將使用 str.split。

torchtext.datasets

torchtext.datasets 實例提供了使用不同資料集的封裝器（wrapper），如 IMDB、TREC（問題分類）、語言建模（WikiText-2）和一些其他資料集；我們將使用 torch.datasets 下載 IMDB 資料集，並將其拆分為 train 和 test 資料集，利用以下的程式碼執行此操作。第一次執行它時，可能需要幾分鐘，視乎你的網路頻寬而定，因為要從網路上下載 IMDB 資料集：

```
train, test = datasets.IMDB.splits(TEXT, LABEL)
```

前面資料集的 IMDB 類別抽象出了下載、句元化以及將資料庫拆分為 train 集和 test 集涉及的所有複雜度。train.fields 包含一個字典，其中 TEXT 是鍵（key），LABEL 是值（value）。來看看 train.fields 和 train 集合的每個元素：

```
print('train.fields', train.fields)

#結果
train.fields {'text': <torchtext.data.field.Field object at 0x1129db160>,
'label': <torchtext.data.field.Field object at 0x1129db1d0>}

print(vars(train[0]))

#結果
vars(train[0]) {'text': ['for', 'a', 'movie', 'that', 'gets', 'no',
'respect', 'there', 'sure', 'are', 'a', 'lot', 'of', 'memorable'，'quotes',
'listed', 'for', 'this', 'gem. ', 'imagine', 'a', 'movie', 'where', 'joe',
'piscopo', 'is', 'actually', 'funny! ', 'maureen', 'stapleton', 'is', 'a',
'scene', 'stealer.', 'the', 'moroni', 'character', 'is', 'an', 'absolute',
'scream.', 'watch', 'for', 'alan', '"the', 'skipper"', 'hale', 'jr.', 'as',
'a', 'police', 'sgt.'], 'label': 'pos'}
```

從這些結果可以看到，單一元素包含了一個字段 text 和表示 text 的所有 token，以及包含文本標籤的字段 label。現在，已經準備好對 IMDB 資料集進行批次處理了。

6.2.2 建立詞彙表

當我們為 thor_review 建立 one-hot 編碼之時，也同時建立了一個作為詞彙表的 word2idx 字典，它包含文件中唯一單詞的所有細節。Torchtext 實例會讓處理程序變得更容易。載入資料後，可以呼叫 build_vocab 並傳入負責為資料建立詞彙表的必要參數，以下程式碼說明了如何建立詞彙表：

```
TEXT.build_vocab(train, vectors=GloVe(name=,6B,
dim=300),max_size=10000,min_freq=10)
LABEL.build_vocab(train)
```

在上述程式碼中，傳入了需要建立詞彙表的 train 物件，並讓它使用維度為 300 的預訓練詞嵌入來初始化向量。使用預訓練權重來訓練情感分類器時，build_vocab 物件只是下載並建立稍後將使用的維度。max_size 實例限制了詞彙表中單詞的數量，而 min_ freq 則是刪除了出現不超過 10 次的單詞，其中 10 是可重新設定的。

當詞匯表建立好之後，我們就可以獲得例如詞頻（frequency）、詞索引和每個單詞的向量表示等不同的值；下面的程式碼示範了如何訪問這些值：

```
print(TEXT.vocab.freqs)

#例子的結果
Counter({"i'm": 4174,
         'not': 28597,
         'tired': 328,
         'to': 133967,
         'say': 4392,
         'this': 69714,
         'is': 104171,
         'one': 22480,
         'of': 144462,
         'the': 322198,
```

以下程式碼示範了如何訪問結果：

```
print(TEXT.vocab.vectors)

#結果為每個單詞顯示了 300 維度的向量
0.0000 0.0000 0.0000 ... 0.0000 0.0000 0.0000
0.0000 0.0000 0.0000 ... 0.0000 0.0000 0.0000
0.0466 0.2132 -0.0074 ... 0.0091 -0.2099 0.0539
        ... ⋱ ...
0.0000 0.0000 0.0000 ... 0.0000 0.0000 0.0000
0.7724 -0.1800 0.2072 ... 0.6736 0.2263 -0.2919
0.0000 0.0000 0.0000 ... 0.0000 0.0000 0.0000
[torch.FloatTensor of size 10002x300]

print(TEXT.vocab.stoi)

#例子的結果
defaultdict(<function torchtext.vocab._default_unk_index>,
            {'<unk>': 0,
            '<pad>': 1,
            'the': 2,
            'a': 3,
            'and': 4,
            'of': 5,
            'to': 6,
            'is': 7,
            'in': 8,
            'i': 9,
            'this': 10,
            'that': 11,
            'it': 12,
```

使用 stoi 訪問包含單詞及其索引在內的字典。

6.2.3 生成向量的批次資料

torchtext 提供了 BucketIterator，它有助於批次處理所有文本並將單詞替換成單詞的索引。BucketIterator 實例帶有許多有用的參數，如 batch_size、device（GPU 或 CPU）和 shuffle（是否必須對資料進行洗牌）。下面的程式碼示範了如何建立迭代器，來為 train 和 test 資料集生成批次資料：

```
train_iter, test_iter = data.BucketIterator.splits((train, test),
batch_size=128, device=-1,shuffle=True)
#device = -1 表示使用 cpu，設置為 None 時使用 gpu。
```

上述程式碼為 train 和 test 資料集提供了一個 BucketIterator 物件。以下程式碼將說明如何建立 batch 並顯示 batch 的結果：

```
batch = next(iter(train_iter))
batch.text

#結果
Variable containing:
 5128 427 19 ... 1688 0 542
   58 2 0 ... 2 0 1352
    0 9 14 ... 2676 96 9
       ... ⋱ ...
  129 1181 648 ... 45 0 2
 6484 0 627 ... 381 5 2
  748 0 5052 ... 18 6660 9827
[torch.LongTensor of size 128x20]

batch.label

#結果
Variable containing:
 2
 1
 2
 1
 2
 1
```

```
    1
    1
[torch.LongTensor of size 128]
```

從上述程式碼片段的結果中，可以看到文本資料如何轉換為 batch_size*fix_len（即 128x20）大小的矩陣。

6.2.4 使用詞嵌入建立網路模型

我們在前面簡要討論了詞嵌入。在本節中，我們將建立詞嵌入作為網路架構的一部分，並訓練整個模型以預測每則評論的情感；在訓練結束時，將會得到一個情感分類器模型，以及 IMDB 資料集的詞嵌入。以下程式碼示範了如何使用詞嵌入建立用於情感預測的網路架構：

```
class EmbNet(nn.Module):
    def __init__(self, emb_size, hidden_size1, hidden_size2 = 400):
        super().__init__()
        self.embedding = nn.Embedding(emb_size, hidden_size1)
        self.fc = nn.Linear(hidden_size2, 3)
    def forward(self, x):
        embeds = self.embedding(x).view(x.size(0), -1)
        out = self.fc(embeds)
        return F.log_softmax(out, dim = -1)
```

上述程式碼中，EmbNet 建立了情感分類模型。在 __init__ 函數中，我們使用兩個參數初始化了 nn.Embedding 類別的一個物件，它接收兩個參數，也就是詞彙表的大小以及我們希望為每個唯一單詞建立的維度。由於限制了唯一單詞的數量，因此詞彙表的大小將會是 10,000，我們可以從一個小的嵌入尺寸開始，比如 10。為了快速執行程式，有必要使用一個小尺寸的嵌入向量值，但是若要為生產系統建立應用程式，請使用大尺寸的嵌入向量值。我們還有一個線性層，它會將詞嵌入向量映射到情感的類別（如正面、負面或未知）。

forward 函數確定了輸入資料的處理方式。對於批次大小為 32、最大長度為 20 個單詞的句子，其輸入形狀為 32×20。第一個嵌入（embedding）層充當查詢表，用相對應的詞嵌入替換掉每個單詞；對於向量維度 10，當每個單詞被其相應的詞嵌入替換後，輸出形狀就變成了 32×20×10。`View()` 函數將會使 embedding 層的結果平面化，而傳遞給 `view` 函數的第一個參數將保持維度不變。在我們的例子中，我們不希望組合來自不同批次的資料，因此保留第一個維度並將張量中的其餘值平面化；在應用 `view` 函數後，張量形狀變成 32×200，全連接層將平面化的詞嵌入向量映射到類別的編號。定義了網路後，就可以像往常一樣訓練它了。

> **NOTE**
>
> 請記住在這個網路中，我們失去了文本原有的順序性，只是將它們當作詞袋（bag of words, BoW）來使用。

6.2.5 訓練模型

訓練模型與建立影像分類器的過程非常類似，因此會使用相同的函數。我們把批次資料傳入模型並計算輸出和損失，然後優化模型權重——包括詞嵌入的權重在內。以下程式碼可執行此操作：

```
def fit(epoch,model,data_loader,phase='training',volatile=False):
    if phase == 'training':
        model.train()
    if phase == 'validation':
        model.eval()
        volatile=True
    running_loss = 0.0
    running_correct = 0
    for batch_idx , batch in enumerate(data_loader):
        text , target = batch.text , batch.label
        if is_cuda:
            text,target = text.cuda(),target.cuda()
        if phase == 'training':
            optimizer.zero_grad()
```

```
            output = model(text)
            loss = F.nll_loss(output,target)
            running_loss +=
    F.nll_loss(output,target,size_average=False).data[0]
            preds = output.data.max(dim=1,keepdim=True)[1]
            running_correct += preds.eq(target.data.view_as(preds)).cpu().sum()
            if phase == 'training':
                loss.backward()
                optimizer.step()
        loss = running_loss/len(data_loader.dataset)
        accuracy = 100. * running_correct/len(data_loader.dataset)
        print(f'{phase} loss is {loss:{5}.{2}} and {phase} accuracy is
    {running_correct}/{len(data_loader.dataset)}{accuracy:{10}.{4}}')
        return loss,accuracy

    train_losses, train_accuracy =[],[]
    val_losses,val_accuracy =[],[]

    train_iter.repeat = False
    test_iter.repeat = False

    for epoch in range(1,10):

        epoch_loss,epoch_accuracy =
    fit(epoch,model,train_iter,phase='training')
        val_epoch_loss,val_epoch_accuracy=
    fit(epoch,model,test_iter,phase='validation')
        train_losses.append(epoch_loss)
        train_accuracy.append(epoch_accuracy)
        val_losses.append(val_epoch_loss)
        val_accuracy.append(val_epoch_accuracy)
```

在上述程式碼中，傳入為批次處理資料建立的 BucketIterator 物件來呼叫 fit 方法。預設情況下，迭代器不會停止生成批次資料，因此必須將 BucketIterator 物件的 repeat 變數設為 False；如果不將 repeat 變數設為 False，那麼 fit 函數將會無限執行下去。模型訓練 10 輪後得到的驗證準確率約為 70%。

6.3 使用預訓練的詞嵌入

在特定領域工作時，例如醫學和製造業，存在大量可用於訓練詞嵌入的資料，預訓練的詞嵌入是很有用的。而當資料很少、無法有意義地訓練詞嵌入時，就可以使用在不同的資料語料庫（corpus）上訓練好的詞嵌入，像是維基百科、Google 新聞和 Twitter 推文；許多團隊都有用不同方法訓練的開源詞嵌入。在本節中，我們將探討 `torchtext` 如何讓運用不同的詞嵌入變得更容易，以及如何在 PyTorch 模型中應用它們。這個過程類似於我們在電腦視覺應用中使用的遷移學習。通常，使用預訓練的詞嵌入有以下三個步驟：

- 下載詞嵌入
- 在模型中載入詞嵌入
- 凍結 embedding 層權重

接下來詳細探討每一個步驟的實作方法。

6.3.1 下載詞嵌入

在下載詞嵌入並將它們映射到正確單詞部分，`torchtext` 抽象出了很多複雜度。`vocab` 模組中，`torchtext` 提供了 `GloVe`、`FastText`、`CharNGram` 三個類別，它們簡化了下載程序以及將詞嵌入映射到詞彙表的過程，而每個類別都提供了在不同資料集上並使用不同技術訓練的詞嵌入；讓我們看看它們所提供的不同詞嵌入：

- `charngram.100d`
- `fasttext.en.300d`
- `fasttext.simple.300d`
- `glove.42B.300d`
- `glove.840B.300d`
- `glove.twitter.27B.25d`
- `glove.twitter.27B.50d`

- glove.twitter.27B.100d
- glove.twitter.27B.200d
- glove.6B.50d
- glove.6B.100d
- glove.6B.200d
- glove.6B.300d

Field 物件的 build_vocab 方法接受一個詞嵌入的參數。以下程式碼說明了如何下載詞嵌入：

```
from torchtext.vocab import GloVe
TEXT.build_vocab(train, vectors=GloVe(name='6B',
dim=300),max_size=10000,min_freq=10)
LABEL.build_vocab(train,)
```

參數 vector 的值表示要使用的詞嵌入類別，name 和 dim 參數則是確定可以使用哪些詞嵌入。我們可以輕鬆地從 vocab 物件訪問詞嵌入，下面是相關程式碼和相應的輸出結果：

```
TEXT.vocab.vectors

#輸出
0.0000 0.0000 0.0000 ... 0.0000 0.0000 0.0000
 0.0000 0.0000 0.0000 ... 0.0000 0.0000 0.0000
 0.0466 0.2132 -0.0074 ... 0.0091 -0.2099 0.0539
          ... ⋱ ...
 0.0000 0.0000 0.0000 ... 0.0000 0.0000 0.0000
 0.7724 -0.1800 0.2072 ... 0.6736 0.2263 -0.2919
 0.0000 0.0000 0.0000 ... 0.0000 0.0000 0.0000
 [torch.FloatTensor of size 10002x300]
```

現在我們已經下載詞嵌入並將它們映射到了詞彙表，接下來說明如何在 PyTorch 模型中使用它們。

6.3.2 在模型中載入詞嵌入

vectors 變數返回一個形狀為 vocab_size x dimensions 的 torch 張量，其中包含了預訓練的詞嵌入。我們必須將詞嵌入存到 embedding 層的權重中，透過訪問 embedding 層的權重來分配詞嵌入的權重，如下方程式碼所示：

```
model.embedding.weight.data = TEXT.vocab.vectors
```

model 表示網路的物件，embedding 表示嵌入層。當使用具有新維度的嵌入層時，嵌入層之後的線性層輸入將會有微小改變。下面的程式碼使用了新架構，它和前面訓練詞嵌入時使用的架構類似：

```
class EmbNet(nn.Module):
    def __init__(self,emb_size,hidden_size1,hidden_size2=400):
        supe().__init__()
        self.embedding = nn.Embedding(emb_size,hidden_size1)
        self.fc1 = nn.Linear(hidden_size2,3)

    def forward(self,x):
        embeds = self.embedding(x).view(x.size(0),-1)
        out = self.fc1(embeds)
        return F.log_softmax(out,dim=-1)

model = EmbNet(len(TEXT.vocab.stoi),300,12000)
```

詞嵌入載入好了之後，必須確保訓練期間嵌入權重不會改變。接下來繼續討論如何實現這個目標。

6.3.3 凍結 embedding 層權重

告知 PyTorch 不改變 embedding 層的權重，這個過程分為兩個步驟：

1. 將 requires_grad 屬性設為 False，它指示 PyTorch 這些權重不需要梯度；
2. 移除 embedding 層參數到優化器的傳遞。如果未執行此步驟，優化程序會拋出錯誤，因為它期望所有參數都具有梯度。

下方程式碼說明了如何凍結 embedding 層權重，並告知優化器不使用這些參數：

```
model.embedding.weight.requires_grad = False
optimizer = optim.SGD([ param for param in model.parameters()  if
param.requires_grad == True],lr=0.001)
```

我們通常會將所有的模型參數傳遞給優化器，但是在上面的程式碼中，只將 `requires_grad` 值為 `True` 的參數傳給優化器。

我們可以使用這個精確的程式碼來訓練模型，應該能達到類似的準確性，只不過所有這些模型架構都無法利用文本的順序性。下一節，將探討兩種利用了資料序列特性的流行技術，它們是 RNN 和 Conv1D。

6.4 遞迴神經網路（RNN）

RNN 是最強大的模型之一，它使我們能夠開發許多應用程式，如分類、序列資料標籤、生成文本序列（例如，預測下一個輸入詞的 *SwiftKey keyboard* 應用程式），以及將一個序列轉換為另一個序列（例如，從法語翻譯成英語的語言翻譯）。大多數模型架構，如前饋神經網路（feedforward neural network），都沒有利用資料的序列特性；舉例來說，我們需要資料呈現出向量中每個例子的特徵，像是表示句子、段落或文件的所有 token，而前饋網路的設計只是為了一次查看所有特徵並將它們映射到輸出。讓我們來看一個文本範例，它會說明為什麼順序或者序列特性對文本很重要。「*I had cleaned my car*」和「*I had my car cleaned*」兩個英文句子，用了同樣的單詞，但唯有考慮單詞的順序時，它們才會代表不同的含義。

人類透過從左到右閱讀單詞的順序，並建立一個可以理解文本資料中所有不同內容的強大模型，來理解文本資料；RNN 的工作方式有些許類似，每次只查看文本中的一個單詞。RNN 也是一種包含某個特殊層的神經網路，它並不是一次處理所有資料，而是透過循環來處理資料。由於 RNN 可以按順序處理資料，因此可以使用不同長度的向量並生成不同長度的輸出；圖 6.3 提供了一些不同的表示形式：

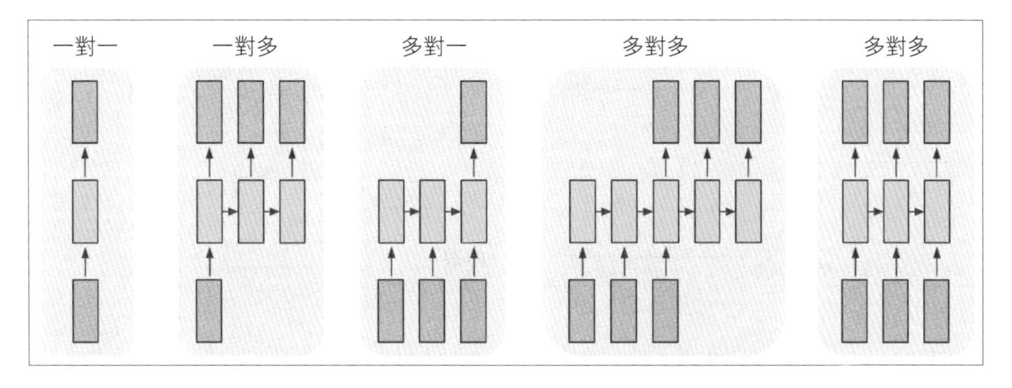

■ 圖 6.3（圖片來源：http://karpathy.github.io/2015/05/21/rnn-effectiveness/）

圖 6.3 來自一個關於 RNN 的著名部落格（`http://karpathy.github.io/2015/05/21/rnn-effectiveness`），其中作者 Andrej Karpathy 清楚寫出了如何使用 Python 從頭開始建立 RNN，並將其作為序列生成器（sequence generator）。

6.4.1 透過一個例子瞭解 RNN 如何使用

假設我們已經建立了一個 RNN 模型，並且嘗試瞭解它所提供的功能。當瞭解了 RNN 的作用後，就可以來探討一下 RNN 內部是如何運作的。

讓我們用雷神索爾的電影評論作為 RNN 模型的輸入，現在所看到的範例文本是 *the action scenes were top notch in this movie...*。首先，將第一個單詞 **the** 傳遞給模型；模型生成了兩種不同的向量：**狀態向量（state vector）**和**輸出向量（output vector）**。狀態向量在處理評論中的下一個單詞時會傳遞給模型，並生成新的狀態向量，因此我們只考慮在最後一個序列中生成的模型**輸出**。圖 6.4 概括了這個過程：

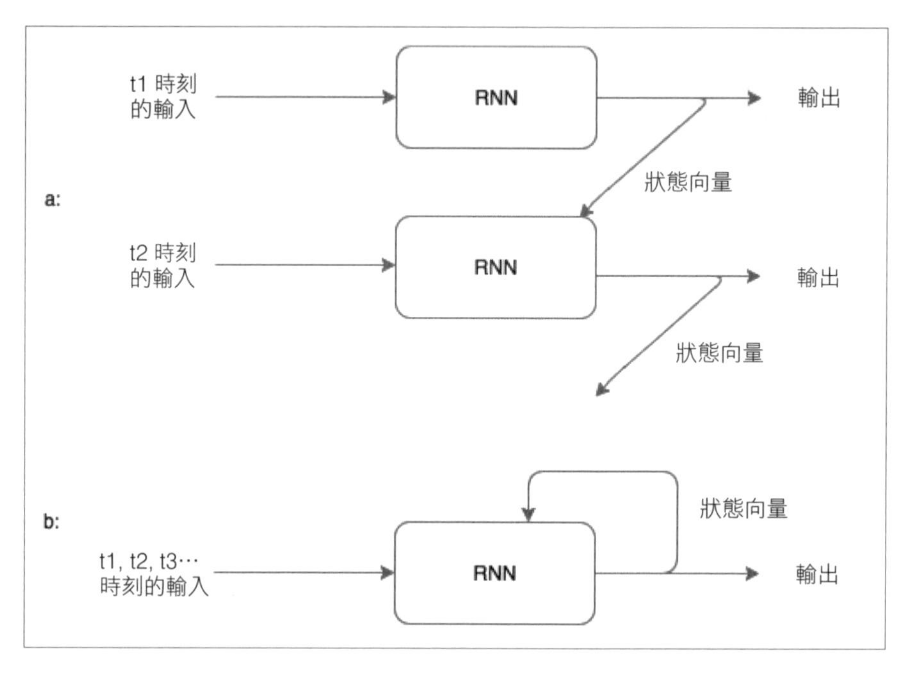

■ 圖 6.4

圖 6.4 繪出了以下內容：

- RNN 如何透過展開和影像來運作。
- 狀態如何以遞迴方式傳遞給同一模型。

到目前為止，我們只是瞭解 RNN 的基本功能，但並不知道它是如何運作的。在瞭解其工作原理之前，先來看一個程式碼片段，它更詳細地展示了我們所學到的東西；我們仍然將 RNN 視為黑盒：

```
rnn = RNN(input_size, hidden_size,output_size)
for i in range(len(Thor_review):
        output, hidden = rnn(thor_review[i], hidden)
```

在上述程式碼中，hidden 變數表示狀態向量，有時也稱為**隱藏狀態**（**hidden state**）。到目前為止，我們應該對於如何使用 RNN 有概念了，現在來看一下實作 RNN 的程式碼，並理解 RNN 內部的運作情形。以下程式碼包含 RNN 類別：


```
import torch.nn as nn
from torch.autograd import Variable

class RNN(nn.Module):
    def __init__(self, input_size, hidden_size, output_size):
        super(RNN, self).__init__()
        self.hidden_size = hidden_size
        self.i2h = nn.Linear(input_size + hidden_size, hidden_size)
        self.i2o = nn.Linear(input_size + hidden_size, output_size)
        self.softmax = nn.LogSoftmax(dim = 1)

    def forward(self, input, hidden):
        combined = torch.cat((input, hidden), 1)
        hidden = self.i2h(combined)
        output = self.i2o(combined)
        output = self.softmax(output)
        return output, hidden

    def initHidden(self):
        return Variable(torch.zeros(1, self.hidden_size))
```

上述程式碼中除了 RNN 這個詞之外，其他內容看起來與前面章節中的非常類似，因為 PyTorch 隱藏了很多反向傳播的複雜度。讓我們透過 init 函數和 forward 函數來瞭解內部情形。

__init__ 函數初始化了兩個線性層，一個用於計算輸出，另一個用於計算狀態或隱藏向量。

forward 函數將 input 向量和 hidden 向量組合在一起，然後傳入兩個線性層，從而生成輸出向量和隱藏狀態。對於 output 層，我們應用了 log_softmax 函數。

`initHidden` 函數可以建立隱藏向量，無需在第一次聲明呼叫 RNN；讓我們透過圖 6.5 來瞭解 RNN 類別的作用：

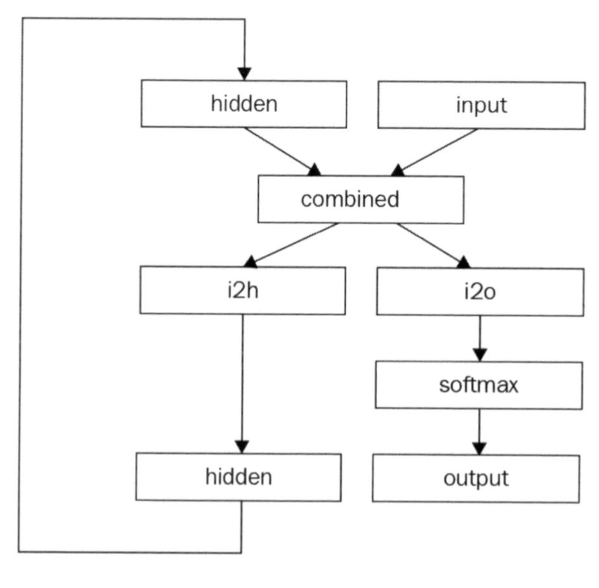

■ 圖 6.5

圖 6.5 說明了 RNN 的工作原理。

> NOTE
>
> 當你第一次接觸 RNN，可能有時會覺得難以理解它的概念，因此強烈推薦你去看這兩個很棒的部落格，以便更瞭解 RNN：`http://karpathy.Github.io/2015/05/21/rnn-effectiveness/` 和 `http://colah.Github.io/posts/2015- 08Understanding-LSTMs/`。

在下一節中，我們將學習如何使用 RNN 的變體——長短期記憶（**LSTM**）網路在 `IMDB` 資料集上建立情感分類器。

6.5 長短期記憶（LSTM）

RNN 在建立實際應用程式如語言翻譯、文本分類和更多的序列問題方面，是很熱門的一項技術，但實際上，很少人使用上一節中所看到的 RNN「香草版本」——也就是未修改過預設內容的初始版本。RNN 的初始版本在處理大型序列時，存在梯度消失和梯度爆炸等問題，因此大多數實務問題會使用的是 LSTM 或 GRU 這類 RNN 的變體，它們突破了正常版 RNN 的限制，並且更擅於處理序列資料。我們將嘗試瞭解 LSTM 的運作原理，並建立一個以 LSTM 為基礎的網路，以解決 `IMDB` 資料集上的文本分類問題。

6.5.1 長期依賴（long-term dependency）

理論上，RNN 應該學習來自歷史資料的所有依賴關係，以建立後續內容的上下文。比如說，我們試圖預測句子「*the clouds are in the sky*」的最後一個詞，RNN 可以預測，因為相關資訊（cloud）跟預測詞之間只隔了幾個字（距離很小）。我們再來看另一個較長段落，其中依賴關係不必那麼靠近，而我們要預測的是最後一個詞。句子像是這樣：「*I am born in Chennai a city in Tamilnadu. Did schooling in different states of India and I speak...*」。在實務上，會發現 RNN 正常版很難記住序列前面部分的上下文，而 LSTM 和 RNN 其他不同的變體卻能解決這個問題：透過在 LSTM 內部添加不同的神經網路，它們就決定可以記住多少資料或者可以記住哪些資料。

6.5.2 LSTM 網路

LSTM 是一種特殊形式的 RNN，能夠學習長期依賴性。LSTM 於 1997 年推出，並在過去幾年隨著可用資料和硬體的進步而廣受歡迎，它們在各式各樣的問題上都運作得非常好，因而廣為各界所使用。

LSTM 的設計原理是，透過記住長時間段內的訊息，來避免長期依賴問題。在 RNN 中，我們看到了它們如何在序列的每一個元素上進行循環處理；在標準 RNN 中，重複模組將具有類似一個線性層的簡單架構。

圖 6.6 說明了一個簡單版 RNN 是如何重複執行的：

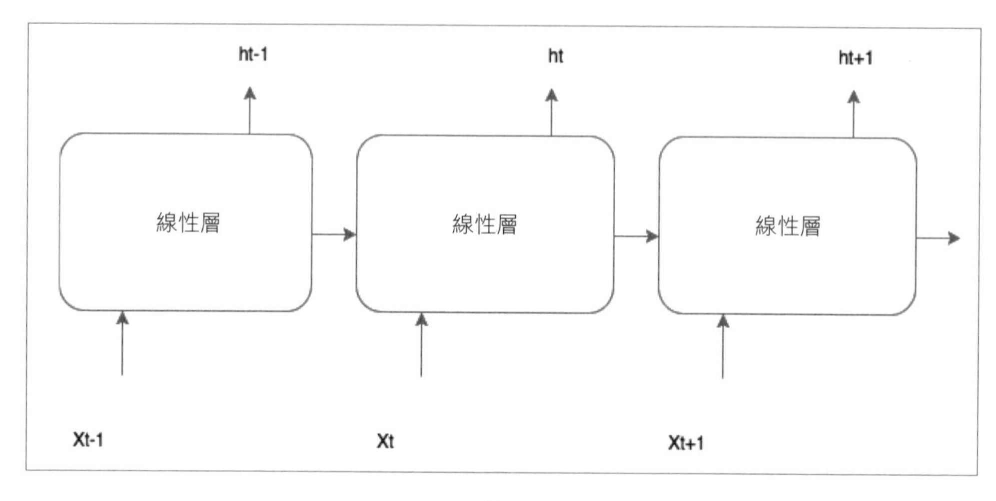

■ 圖 6.6

在 LSTM 內部，擁有可以完成獨立工作的較小網路，它們替代了簡單線性層。圖 6.7 說明了 LSTM 內部運作的情形：

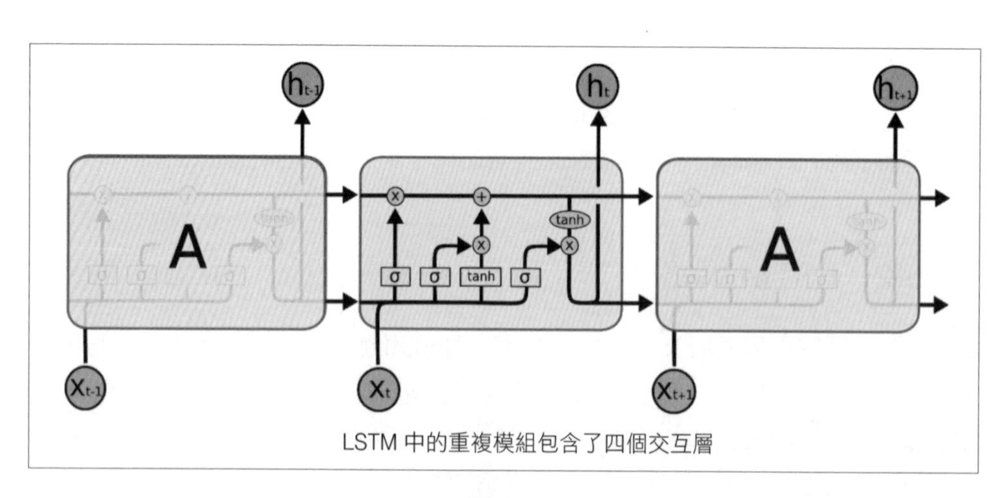

■ 圖 6.7
（圖片來源：http://colah.github.io/posts/2015-08-Understanding-LSTMs/ (diagram by Christopher Olah)）

圖 6.7 第二個框中的每一個小矩形（黃色）代表 PyTorch 層，圓圈則表示元素矩陣或向量加法，合併線代表把兩個向量組合在一起。好處是，我們不需要手動實作所有這些流程。大多數現代深度學習框架都提供了 LSTM 內部運作的抽象處理，PyTorch 提供了 `nn.LSTM` 層中所有功能的抽象，我們可以像使用其他層一樣使用它。LSTM 中最重要的部分，是流經所有迭代的單元狀態（cell state），圖 6.7 中以連接了單元的水平線來表示。LSTM 內的多個網路控制著哪些訊息要在單元狀態中傳播：LSTM（由符號 σ 表示的小型網路）的第一步是決定從單元狀態中丟棄哪些訊息，這個網路稱為**遺忘門（forget gate）**，它使用 sigmoid 作為激勵函數，為單元狀態中的每個元素輸出 0 到 1 之間的值。此網路（PyTorch 層）使用下列公式來表示：

$$f_t = \sigma(W_f.\, [h_{t-1}, X_t] + b_f)$$

來自網路的值決定哪些值將保持在單元狀態中，哪些值需要丟棄。下一步是確定要添加到單元狀態的訊息，這個步驟有兩個部分：一個是 sigmoid 層，稱為**輸入門（input gate）**，它決定要更新哪些值；另一個是 tanh 層，它建立新的值並添加到單元狀態。其數學公式表示如下：

$$i_t \sigma(W_i.\, [h_{t-1}, X_t] + b_i)$$
$$\acute{C}_t = tanh(W_{\acute{C}}.\, [h_{t-1}, X_t] + b_{\acute{C}})$$

在下一個步驟中，會將輸入門和 tanh 生成的兩個值組合在一起。現在可以透過在遺忘門和 i_t 與 C_t 的乘積和之間進行逐元素乘法（element-wise multiplication）來更新單元狀態，數學公式表示如下：

$$C_t = f_t * C_t + i_t * \acute{C}_t$$

最後，需要決定輸出，它將是單元狀態的過濾版本。LSTM 有許多不同版本，其中大多數都遵循類似的原則，作為開發人員或資料科學家，我們不太需要擔心 LSTM 的內部運作原理。如果你想進一步瞭解 LSTM，請瀏覽下列網址連接，這些部落格內容以非常直觀的方式介紹了許多理論。

看看 Christopher Olah 所寫關於 LSTM 的精彩內容（http://colah.github.io/posts/2015-08-Understanding-LSTMs），以及 Brandon Rohrer 另一篇內容（https://brohrer.github.io/how_rnns_lstm_work.html），他在一支影片中清楚解釋了 LSTM。

理解了 LSTM 原理之後，讓我們來實作一個用於建立情感分類器的 PyTorch 網路。跟往常一樣，按照以下步驟建立分類器：

1. 準備資料
2. 建立批次
3. 建立網路
4. 訓練模型

準備資料

我們使用相同的 torchtext 來下載、句元化及建立 IMDB 資料集的詞彙表。在建立 Field 物件時，讓 batch_first 參數的值設定為 False。RNN 網路期待資料具有的形式為 Sequence_length、batch_size 和 features。下列程式碼是用於準備資料集：

```
TEXT = data.Field(lower=True,fix_length=200,batch_first=False)
LABEL = data.Field(sequential=False,)
train, test = IMDB.splits(TEXT, LABEL)
TEXT.build_vocab(train, vectors=GloVe(name='6B',
dim=300),max_size=10000,min_freq=10)
LABEL.build_vocab(train,)
```

建立批次

使用 torchtext 的 BucketIterator 類別來建立批次，批次的大小將包括序列長度和批次尺寸。在我們的案例，批次的大小將是 [200,32]，其中 200 是序列長度，32 是批次尺寸。

建立批次資料的程式碼如下：

```
train_iter, test_iter = data.BucketIterator.splits((train,test),
batch_size=32, device=-1)
train_iter.repeat=False
test_iter.repeat=False
```

建立網路

先大概瀏覽再仔細看一下程式碼，你可能會很訝異程式碼看起來有多相似：

```
class IMDBRnn(nn.Module):
    def __init__ (self,vocab,hidden_size,n_cat,bs=1,nl=2):
        super().__init__()
        self.hidden_size = hidden_size
        self.bs = bs
        self.nl = nl
        self.e = nn.Embedding(n_vocab,hidden_size)
        self.rnn = nn.LSTM(hidden_size,hidden_size,nl)
        self.fc2 = nn.Linear(hidden_size,n_cat)
        self.softmax = nn.LogSoftmax(dim=-1)
    def forward(self,inp):
        bs = inp.size()[1]
        if  bs != self.bs:
            self.bs = bs
        e_out = self.e(inp)
        h0=c0=
Variable(e_out.data.new(*(self.nl,self.bs,self.hidden_size)).zero_())
        rnn_o,_ = self.rnn(e_out,(h0,c0))
        rnn_o = rnn_o[-1]
```

```
        fc= F.dropout(self.fc2(rnn_o),p=0.8)
        return self.softmax(fc)
```

init 方法用詞彙表大小和 hidden_size 為參數建立 embedding 層，同時它也建立了 LSTM 和線性層。最後一層是 LogSoftmax 層，其作用是將線性層的結果轉換為機率。

在 forward 函數中，我們傳入大小為 [200,32] 的輸入資料，它經過 embedding 層，批次資料中的每個 token 都被詞嵌入取代，大小變為 [200, 32, 100]，其中 100 是詞嵌入的維度。LSTM 層取得 embedding 層的輸出以及兩個隱藏變數，隱藏變數應與 embedding 層輸出的類型相同，其大小應為 [num_layers, batch_size, hidden_size]。LSTM 處理序列中的資料並生成形狀為 [Sequence_length, batch_size, hidden_size] 的輸出，其中每個序列的索引表示該序列的輸出。本例中，我們只取最後一個序列的輸出，其形狀為 [batch_size, hidden_dim]，並將其傳遞給線性層，以映射到輸出類別。由於模型傾向於過度擬合，因此添加一個 dropout 層；你可以嘗試不同的 dropout 機率。

訓練模型

一旦建立網路後，就可以使用前面例子中的相同程式碼訓練模型。下面即為訓練模型的程式碼：

```
model = IMDBRnn(n_vocab,n_hidden,3,bs=32)
model = model.cuda()

optimizer = optim.Adam(model.parameters(),lr=1e-3)

def fit(epoch,model,data_loader,phase='training',volatile=False):
    if phase == 'training':
        model.train()
    if phase == 'validation':
        model.eval()
        volatile=True
    running_loss = 0.0
```

```
    running_correct = 0
    for batch_idx , batch in enumerate(data_loader):
        text , target = batch.text , batch.label
        if is_cuda:
            text,target = text.cuda(),target.cuda()
        if phase == 'training':
            optimizer.zero_grad()
        output = model(text)
        loss = F.nll_loss(output,target)
        running_loss +=
F.nll_loss(output,target,size_average=False).data[0]
        preds = output.data.max(dim=1,keepdim=True)[1]
        running_correct += preds.eq(target.data.view_as(preds)).cpu().sum()
        if phase == 'training':
            loss.backward()
            optimizer.step()
    loss = running_loss/len(data_loader.dataset)
    accuracy = 100. * running_correct/len(data_loader.dataset)
    print(f'{phase} loss is {loss:{5}.{2}} and {phase} accuracy is
{running_correct}/{len(data_loader.dataset)}{accuracy:{10}.{4}}')
    return loss,accuracy

train_losses , train_accuracy =[],[]
val_losses , val_accuracy =[],[]

for epoch in range(1,5):

    epoch_loss, epoch_accuracy =
fit(epoch,model,train_iter,phase='training')
    val_epoch_loss , val_epoch_accuracy =
fit(epoch,model,test_iter,phase='validation')
    train_losses.append(epoch_loss)
    train_accuracy.append(epoch_accuracy)
    val_losses.append(val_epoch_loss)
    val_accuracy.append(val_epoch_accuracy)
```

以下是訓練模型的結果：

```
#結果
training loss is    0.7  and training accuracy is 12564/25000      50.26
validation loss is    0.7  and validation accuracy is 12500/25000      50.0
training loss is   0.66  and training accuracy is 14931/25000      59.72
validation loss is   0.57  and validation accuracy is 17766/25000      71.06
training loss is   0.43  and training accuracy is 20229/25000      80.92
validation loss is   0.4  and validation accuracy is 20446/25000      81.78
training loss is    0.3  and training accuracy is 22026/25000      88.1
validation loss is  0.37  and validation accuracy is 21009/25000      84.04
```

訓練了四輪的模型給出了 84% 的準確率。訓練更多輪後，模型出現了過度擬合，因為損失值開始增加；我們可以嘗試一些前面用過的技術，例如降低隱藏層的維度、增加序列長度，以及使用較小的學習率進行訓練等，以進一步提高準確率。

我們還會進一步探索如何使用一維卷積來訓練序列資料。

6.6 使用序列資料的卷積網路

我們現在瞭解了 CNN 如何透過學習圖片中的特徵來解決電腦視覺上的問題。在圖片中，CNN 透過在高度和寬度上卷積來執行。同樣地，時間也可以看作卷積特徵。一維卷積有時比 RNN 效能更好，且計算成本更低，過去幾年中，Facebook 等公司已經成功開發了音頻產生器和機器翻譯方面的應用程式。

本節將學習如何使用 CNN 來建立文本分類的解決方案。

6.6.1 理解序列資料的一維卷積

「第 5 章 _ 應用於電腦視覺的深度學習」已經講解了如何從訓練資料中學習二維權重，這些權重在影像上移動以產生不同的激勵（輸出）。一維卷積激勵以同樣的方式在文本分類器訓練期間學習，其中權重透過在資料間移動來學習模式；圖 6.8 說明了一維卷積的運作：

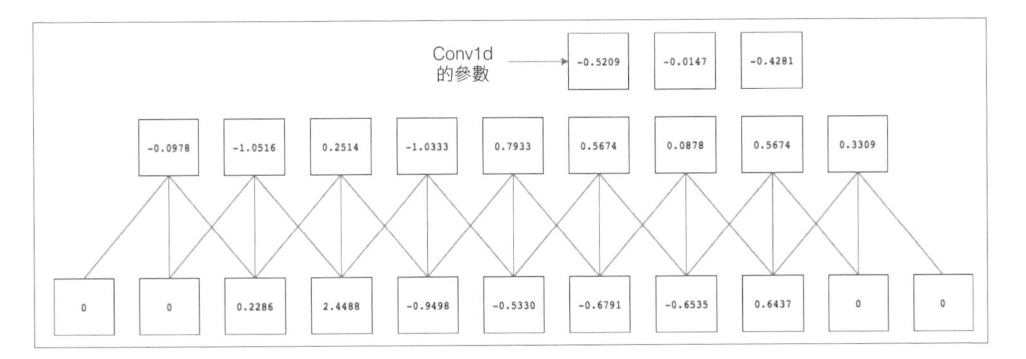

■ 圖 6.8

為了在 IMDB 資料集上訓練文本分類器，我們將遵循使用 LSTM 建立分類器時的相同步驟；唯一改變的是，使用 batch_first = True，這部分與 LSTM 網路不同。讓我們來看看這個網路、訓練程式碼及其結果。

◎ 建立網路

先看一下網路架構，然後再仔細看每一行程式碼：

```
class IMDBCnn(nn.Module):
    def
__init__(self,vocab,hidden_size,n_cat,bs=1,kernel_size=3,max_len=200):
        super().__init__()
        self.hidden_size = hidden_size
        self.bs = bs
    self.e = nn.Embedding(n_vocab,hidden_size)
    self.cnn = nn.Conv1d(max_len,hidden_size,kernel_size)
    self.avg = nn.AdaptiveAvgPool1d(10)
        self.fc = nn.Linear(1000,n_cat)
        self.softmax = nn.LogSoftmax(dim=-1)
    def forward(self,inp):
        bs = inp.size()[0]
```

```
        if bs != self.bs:
            self.bs = bs
        e_out = self.e(inp)
        cnn_o = self.cnn(e_out)
        cnn_avg = self.avg(cnn_o)
        cnn_avg = cnn_avg.view(self.bs,-1)
        fc = F.dropout(self.fc(cnn_avg),p=0.5)
        return self.softmax(fc)
```

在上述程式碼中，不再使用 LSTM 層，而是使用一個 `Conv1d` 層和一個 `AdaptiveAvgPool1d` 層。卷積層接受序列長度作為其輸入大小，而輸出大小是隱藏大小，核心大小為 3。由於必須改變線性層的尺寸，每次嘗試以不同的長度執行它時，我們使用 `AdaptiveAvgPool1d`，它接受任意大小的輸入並生成給定大小的輸出。因此，可以使用大小固定的線性層，其餘程式碼則大致跟我們在多數網路架構中所看到的一樣。

訓練模型

該模型的訓練步驟與前一個範例相同。我們來看呼叫 `fit` 方法的程式碼及其生成的結果：

```
train_losses , train_accuracy = [],[]
val_losses , val_accuracy = [],[]

for epoch in range(1,5):

    epoch_loss, epoch_accuracy =
fit(epoch,model,train_iter,phase='training')
    val_epoch_loss , val_epoch_accuracy =
fit(epoch,model,test_iter,phase='validation')
    train_losses.append(epoch_loss)
    train_accuracy.append(epoch_accuracy)
    val_losses.append(val_epoch_loss)
    val_accuracy.append(val_epoch_accuracy)
```

我們執行了四輪的模型，準確率大約為 83%。以下是模型執行的結果：

```
training loss is   0.59 and training accuracy is 16724/25000       66.9
validation loss is   0.45 and validation accuracy is 19687/25000       78.75
training loss is   0.38 and training accuracy is 20876/25000       83.5
validation loss is    0.4 and validation accuracy is 20618/25000       82.47
training loss is   0.28 and training accuracy is 22109/25000       88.44
validation loss is   0.41 and validation accuracy is 20713/25000       82.85
training loss is   0.22 and training accuracy is 22820/25000       91.28
validation loss is   0.44 and validation accuracy is 20641/25000       82.56
```

由於 `validation loss` 在第三輪之後開始增加，因此我們停止執行該模型。可以嘗試一些做法來改善結果，比如使用預訓練權重、添加另一個卷積層、在卷積層之間加入 `MaxPool1d` 層等。你們可以自己嘗試，看看這些做法是否有助於提高準確率。

6.7 小結

我們在本章學習了如何在深度學習中表示文本資料的不同技術，以及在不同領域工作時，如何使用預訓練的詞嵌入和自己訓練的詞嵌入，並使用 LSTM 和一維卷積建立了一個文本分類器。

下一章，將說明如何訓練深度學習演算法生成特定風格的圖片和新的影像，以及如何生成文本。

LEARNING

07

生成網路

前面幾個章節看到的所有例子，都專注於解決分類問題或迴歸問題，本章內容非常有趣，而且對理解深度學習如何解決非監督式學習問題十分重要。

本章將訓練網路，使其建立下述內容：

- 基於內容和特殊藝術風格的圖片，俗稱風格轉換（style transfer）。
- 使用特殊類型的生成對抗網路（generative adversarial network, GAN）生成新的人臉。
- 使用語言模型生成新的文本。

這些技術構成了深度學習領域中大多數進階研究的基礎，不過深入探討某一個子領域的確切細節，像是 GAN 和語言模型，超出了本書的範疇，因為它們的內容完全可以獨立成冊。我們要學的，是關於它們通常如何運作以及用 PyTorch 建立它們的過程。

7.1 神經風格轉換（neural style transfer）

人類所創造的藝術品，有不同程度的準確度和複雜性。儘管藝術創作過程本身非常複雜，但可以將它視為兩個重要因素的組合：畫什麼，以及怎麼畫。畫什麼來自於我們身邊所見事物的啟發，而怎麼畫也同樣受到我們周遭事物的影響。從畫家的角度來看，這樣的解釋或許有點過於簡化，不過這可以幫助我們理解如何利用深度學習演算法創作藝術品。我們將訓練深度學習演算法從圖片中取得內容，然後根據指定的藝術風格來繪製這張圖。如果你是個藝術家，或是在創意相關的企業裡工作，你可以直接使用近年來這方面的傑出研究成果來改善作品，並在你所工作的領域中創作出很酷的東西。就算你不是搞創作的，它也會帶你進入生成模型的領域，在那裡你會看到網路將生成新的內容。

讓我們先從較高層次概略理解神經風格轉換做了什麼，然後再深入探討細節，瞭解建立它們的 PyTorch 程式碼。風格轉換演算法（style transfer algorithm）由內容***圖片***（*C*）和風格***圖片***（*S*）提供，演算法必須生成一個具有內容圖片內容和風格圖片風格的新圖片（O）。建立神經風格轉換的過程，由 Leon Gates 等人在 2015 年所提出（`A Neural Algorithm of Artistic Style`）。圖 7.1 是我們要使用的內容圖片（C）：

■ 圖 7.1　（圖片來源：`https://arxiv.org/pdf/1508.06576.pdf`）

圖 7.2 是風格圖片（S）：

■ 圖 7.2　（圖片來源：https://arxiv.org/pdf/1508.06576.pdf）

圖 7.3 則是我們將要生成的圖片：

■ 圖 7.3　（圖片來源：https://arxiv.org/pdf/1508.06576.pdf）

理解了**卷積神經網路**如何運作，就可以直觀地瞭解風格轉換背後的原理。當訓練 CNN 辨識物體時，訓練好的 CNN 前面幾層學習的是非常基本的資訊，如線條、曲線、形狀，而它後面幾個層則能捕捉一張圖片裡較高層次的概念，如眼睛、建築物、樹木等，因此類似影像後面幾層的值會較相近。我們把同樣的概念應用到內容損失上。內容圖片的最後一層和生成的圖片應該是很相似的，我們使用**均方誤差（mean square error, MSE）**來計算相似度，並使用最佳化演算法降低損失值。

圖片風格通常跨越 CNN 多個層，由一種叫做**格拉姆矩陣（gram matrix）**的技術捕捉。格拉姆矩陣計算跨多層捕捉到的特徵圖間之相關性，它給出了計算風格的測量，風格相似的圖片對於格拉姆矩陣會具有近似的值。風格損失也同樣使用風格圖片和生成圖片之間的格拉姆矩陣之 MSE 計算。

我們將採用 torchvision 提供的預訓練 VGG19 模型。訓練一個風格轉換模型所需的步驟與其他任何深度學習模型類似，只有一個部分例外：跟分類問題或迴歸問題相比，此模型涉及的計算損失值更多。神經風格演算法的訓練可以分解成下面幾個步驟：

1. 載入資料
2. 建立 VGG19 模型
3. 定義內容損失
4. 定義風格損失
5. 從 VGG 模型中跨層提取損失
6. 建立優化器
7. 訓練並生成圖片，該圖片與內容圖片的內容類似，但與風格圖片的風格類似。

7.1.1 載入資料

載入資料和「第 5 章 _ 應用於電腦視覺的深度學習」中解決影像分類問題的步驟類似，我們要使用預訓練好的 VGG 模型，因此必須將圖片正規化，使它們與預訓練模型所用資料集的尺寸一樣。

下面的程式碼展示了如何執行上述的步驟。程式碼很好理解，因為在前面的章節中已經詳細討論過了：

```
#固定圖片大小，如果沒有使用 GPU，請進一步縮小尺寸。
imsize = 512
is_cuda = torch.cuda.is_available()

#轉換圖片，使其適合 VGG 模型的訓練

prep = transforms.Compose([transforms.Resize(imsize),
                           transforms.ToTensor(),
                           transforms.Lambda(lambda x:
x[torch.LongTensor([2,1,0])]), #變成 BGR
                           transforms.Normalize(mean=[0.40760392,
0.45795686, 0.48501961], #減去 imagenet 平均值
                                                std=[1,1,1]),
                           transforms.Lambda(lambda x: x.mul_(255)),
                          ])

#將生成的圖片轉換回可以視覺化呈現的格式

postpa = transforms.Compose([transforms.Lambda(lambda x: x.mul_(1./255)),
                           transforms.Normalize(mean=[-0.40760392,
-0.45795686, -0.48501961], #加上 imagenet 平均值
                                                std=[1,1,1]),
                           transforms.Lambda(lambda x:
x[torch.LongTensor([2,1,0])]), #變成 RGB
                           ])
postpb = transforms.Compose([transforms.ToPILImage()])

#這個方法確保圖片資料不會超出允許的範圍
def postp(tensor): #把結果裁剪到 [0,1] 範圍
    t = postpa(tensor)
    t[t>1] = 1
    t[t<0] = 0
    img = postpb(t)
    return img
```

```
#讓資料載入更簡單的工具函數
def image_loader(image_name):
    image = Image.open(image_name)
    image = Variable(prep(image))
    #擬合網路輸入尺寸所需的假批次處理尺寸
    image = image.unsqueeze(0)
    return image
```


這段程式碼中，定義了三個函數：prep 函數進行所有需要的預處理工作，並使用 VGG 模型訓練時用的相同值進行正規化操作；模型的輸出需要反正規化到初始值，postpa 函數進行必要的處理工作，而生成模型可能有超出可接受範圍的值，postp 函數會將所有大於 1 的值限制為 1，所有小於 0 的值置為 0；最後，image_loader 函數載入圖片，應用預處理轉換，並將其轉換存入變數。下面的函數載入了風格圖片和內容圖片：

```
style_img = image_loader("Images/vangogh_starry_night.jpg")
content_img = image_loader("Images/Tuebingen_Neckarfront.jpg")
```

我們可以建立帶有雜訊（隨機數）的圖片，也可以使用相同的內容圖片，本例將使用內容圖片。下面的程式碼建立了內容圖片：

```
opt_img = Variable(content_img.data.clone(),requires_grad=True)
```

使用優化器優化 opt_img 的值，使得圖片更接近內容圖片和風格圖片。為此，我們需要透過程式碼設置 requires_grad=True，告知 PyTorch 為我們維護梯度。

7.1.2 建立 VGG 模型

我們將從 torchvisions.models 載入預訓練好的模型。只用該模型來提取特徵，PyTorch 的 VGG 模型是這樣定義的：所有的卷積區塊都在 features 模組中，全連接層或線性層都在 classifier 模組中；因此，不會訓練 VGG 模型的任何權重或參數，所以必須要凍結模型，程式碼如下：

```
#建立預訓練好的 VGG 模型
vgg = vgg19(pretrained=True).features

#凍結訓練中用不到的層
for param in vgg.parameters():
    param.requires_grad = False
```

這段程式碼建立了一個 VGG 模型，我們只使用它的卷積區塊，並凍結了模型的所有參數，原因是我們只用它來提取特徵。

7.1.3 內容損失

內容損失（content loss）是在特定層的輸出上計算的均方誤差（MSE），藉由在網路中傳輸兩張圖片來提取：傳入內容圖片和要優化的圖片，使用 register_forward_hook 的功能從 VGG 中提取中間層的輸出。要計算從這些層的輸出中所得到的 MSE，程式碼如下：

```
target_layer = dummy_fn(content_img)
noise_layer = dummy_fn(noise_img)
criterion = nn.MSELoss()
content_loss = criterion(target_layer,noise_layer)
```

下一個小節，我們將實作此程式碼中的 dummy_fn 函數。現在只需要知道 dummy_fn 函數透過傳入圖片返回了特定層的輸出；我們把內容圖片和雜訊圖片傳遞給 MSE loss 函數，來傳遞生成的輸出。

7.1.4 風格損失

風格損失（style loss）是跨多層進行計算的。風格損失是每個特徵圖生成的格拉姆矩陣之 MSE，而格拉姆矩陣表示特徵之間的關聯值；我們利用表 7.1 及實作程式碼來理解格拉姆矩陣的原理。

表 7.1 展示了維度 [2, 3, 3, 3] 的特徵圖輸出，欄的屬性為 Batch_size、Channels 和 Values。

表 7.1

Batch_size	Channels	Values		
1	1	0.1	0.1	0.1
		0.2	0.2	0.2
		0.3	0.3	0.3
	2	0.2	0.2	0.2
		0.2	0.2	0.2
		0.2	0.2	0.2
	3	0.3	0.3	0.3
		0.3	0.3	0.3
		0.3	0.3	0.3
2	1	0.1	0.1	0.1
		0.2	0.2	0.2
		0.3	0.3	0.3
	2	0.2	0.2	0.2
		0.2	0.2	0.2
		0.2	0.2	0.2
	3	0.3	0.3	0.3
		0.3	0.3	0.3

為了計算格拉姆矩陣，需要把每個通道的所有值平面化，然後和它的轉置（transpose）相乘，藉此找出相關性，如表 7.2 所示：

表 7.2

Batch_size	Channels	BMM(Gram Matrix, Transpose(Gram Matrix))
1	1	(0.1,0.1,0.1,0.2,0.2,0.2,0.3,0.3,0.3,)
	2	(0.2,0.2,0.2,0.2,0.2,0.2,0.2,0.2,0.2)
	3	(0.3,0.3,0.3,0.3,0.3,0.3,0.3,0.3,0.3)
2	1	(0.1,0.1,0.1,0.2,0.2,0.2,0.3,0.3,0.3,)
	2	(0.2,0.2,0.2,0.2,0.2,0.2,0.2,0.2,0.2)
	3	(0.3,0.3,0.3,0.3,0.3,0.3,0.3,0.3,0.3)

我們所做的，就是將每一個通道的所有值平面化成一個向量或張量。下面的程式碼可以實作此步驟：

```
class GramMatrix(nn.Module):
    def forward(self,input):
        b,c,h,w = input.size()
        features = input.view(b,c,h*w)
        gram_matrix = torch.bmm(features,features.transpose(1,2))
        gram_matrix.div_(h*w)
        return gram_matrix
```

使用 forward 函數將 GramMatrix 實作為 PyTorch 的另一個模組，這樣我們就可以使用它，如同使用 PyTorch 層。利用下面這行程式碼，從輸入圖片提取不同的維度：

```
b,c,h,w = input.size()
```

這裡的 b 表示批次，c 表示過濾器或通道，h 表示高度，w 表示寬度。下一個步驟，將使用下面的程式碼讓批次和通道的維度維持不變，並平面化所有高度和寬度的維度值：

```
features = input.view(b,c,h*w)
```

格拉姆矩陣的計算方法，是將平面化的值和它的轉置向量相乘。可以使用 PyTorch 中的批次矩陣相乘函數來處理，此函數名為 torch.bmm()，如下面的程式碼所示：

```
gram_matrix = torch.bmm(features,features.transpose(1,2))
```

將格拉姆矩陣的值除以元素個數就可以完成其正規化，避免影響某一個特徵圖評分的值過多。在 GramMatrix 計算完成後，計算風格損失就很簡單了，實作的程式碼如下：

```
class StyleLoss(nn.Module):
    def forward(self,inputs,targets):
        out = nn.MSELoss()(GramMatrix()(inputs),targets)
        return (out)
```

StyleLoss 實作為 PyTorch 的另一個層，它計算了輸入的 GramMatrix 值和風格圖片 GramMatrix 值之間的均方誤差。

7.1.5 提取損失

如同在第 5 章中使用 register_forward_hook() 函數提取卷積層的激勵值一樣，我們可以提取不同卷積層的損失值來計算風格損失和內容損失。但有一點不同，我們並不是從一個層提取，而是需要提取多層的輸出。下面的類別整合了必要的修改：

```
class LayerActivations():
    features=[]
    def __init__(self,model,layer_nums):
        self.hooks = []
        for layer_num in layer_nums:
self.hooks.append(model[layer_num].register_forward_hook(self.hook_fn))
    def hook_fn(self,module,input,output):
        self.features.append(output)

    def remove(self):
        for hook in self.hooks:
            hook.remove()
```

__init__ 方法取得模型，我們需要在模型上呼叫 register_forward_hook 方法，並提取輸出的層編號作為參數。__init__ 方法中的 for 循環會對層數進行迭代，並對提取輸出所需要的 forward hook 進行註冊。

傳入 register_forward_hook 方法的 hook_fn 函數，在 hook_fn 函數註冊的那一層之後，由 PyTorch 呼叫。此函數會捕捉輸出，並存到 features 陣列。

等到不需要再捕捉輸出時，需要呼叫 remove 函數；如果忘記呼叫 remove 方法，會引發記憶體不足的異常狀況，因為所有的輸出都累加在一起了。

我們來編寫另一個函數，用來提取風格圖片和內容圖片的輸出；以下函數執行了這個功能：

```
def extract_layers(layers,img,model=None):
    la = LayerActivations(model,layers)
    #清除快取
    la.features = []
    out = model(img)
    la.remove()
    return la.features
```

在 extract_layers 函數中，透過傳入模型和網路層編號來建立 LayerActivations 類別的物件。特徵列表可能包含了前幾次的執行結果，因此需要重新初始化來清空列表，然後透過模型傳入圖片；我們並不會使用這個輸出，因為更讓我們感興趣的是 features 陣列所產生的輸出。呼叫 remove 方法清空模型所有註冊的 hook 函數，並返回特徵。下面的程式碼展示了如何提取風格圖片和內容圖片裡的目標：

```
content_targets = extract_layers(content_layers,content_img,model=vgg)
style_targets = extract_layers(style_layers,style_img,model=vgg)
```

提取出目標後，需要將輸出和它們的原始圖片分解（detach）。記住，所有的輸出都是 PyTorch 變數，它們包含了建立時的原始資訊。不過在我們的例子中，讓我們感興趣的只有輸出值而不是圖，因此我們既不會更新 style 圖片、也不會更新 content 圖片。下面的程式碼說明了如何操作此技術：

```
ontent_targets = [t.detach() for t in content_targets]
style_targets = [GramMatrix()(t).detach() for t in style_targets]
```

將它們分解後，把所有的目標加入一個列表中，實作程式碼如下：

```
targets = style_targets + content_targets
```

在計算風格損失和內容損失時，我們傳入了兩個列表：內容層和風格層。不同層的選擇將會影響生成的影像品質，在此，我們選擇論文作者提過的相同層。利用下列程式碼選擇我們在這裡要使用的層：

```
style_layers = [1,6,11,20,25]
content_layers = [21]
loss_layers = style_layers + content_layers
```

優化器需要的是一個可以最小化的標量（scalar quantity），為了得到這個標量值，需要把不同層的損失值匯總求和。對損失值的權重求和是一個通用的實務做法，因此我們再次選用和論文中實作（GitHub 儲存庫：https://github.com/leongatys/PytorchNeuralStyleTransfer）相同的權重。我們以原本實作為基礎做了些微修改，下方程式碼描述了使用到的權重，這些權重透過選用層的過濾器數量來計算：

```
style_weights = [1e3/n**2 for n in [64,128,256,512,512]]
content_weights = [1e0]
weights = style_weights + content_weights
```

為了將此步驟視覺化，我們可以列印出 VGG 層，花一點時間來觀察選擇了哪些層，並嘗試用不同的層組合。請使用下面的程式碼來列印 VGG 層：

```
print(vgg)

#結果

Sequential(
  (0): Conv2d (3, 64, kernel_size=(3, 3), stride=(1, 1), padding=(1, 1))
  (1): ReLU(inplace)
  (2): Conv2d (64, 64, kernel_size=(3, 3), stride=(1, 1), padding=(1, 1))
```

```
(3): ReLU(inplace)
(4): MaxPool2d(kernel_size=(2, 2), stride=(2, 2), dilation=(1, 1))
(5): Conv2d (64, 128, kernel_size=(3, 3), stride=(1, 1), padding=(1, 1))
(6): ReLU(inplace)
(7): Conv2d (128, 128, kernel_size=(3, 3), stride=(1, 1), padding=(1, 1))
(8): ReLU(inplace)
(9): MaxPool2d(kernel_size=(2, 2), stride=(2, 2), dilation=(1, 1))
(10): Conv2d (128, 256, kernel_size=(3, 3), stride=(1, 1), padding=(1,1))
(11): ReLU(inplace)
(12): Conv2d (256, 256, kernel_size=(3, 3), stride=(1, 1), padding=(1,1))
(13): ReLU(inplace)
(14): Conv2d (256, 256, kernel_size=(3, 3), stride=(1, 1), padding=(1,1))
(15): ReLU(inplace)
(16): Conv2d (256, 256, kernel_size=(3, 3), stride=(1, 1), padding=(1,1))
(17): ReLU(inplace)
(18): MaxPool2d(kernel_size=(2, 2), stride=(2, 2), dilation=(1, 1))
(19): Conv2d (256, 512, kernel_size=(3, 3), stride=(1, 1), padding=(1,1))
(20): ReLU(inplace)
(21): Conv2d (512, 512, kernel_size=(3, 3), stride=(1, 1), padding=(1,1))
(22): ReLU(inplace)
(23): Conv2d (512, 512, kernel_size=(3, 3), stride=(1, 1), padding=(1,1))
(24): ReLU(inplace)
(25): Conv2d (512, 512, kernel_size=(3, 3), stride=(1, 1), padding=(1,1))
(26): ReLU(inplace)
(27): MaxPool2d(kernel_size=(2, 2), stride=(2, 2), dilation=(1, 1))
(28): Conv2d (512, 512, kernel_size=(3, 3), stride=(1, 1), padding=(1,1))
(29): ReLU(inplace)
(30): Conv2d (512, 512, kernel_size=(3, 3), stride=(1, 1), padding=(1,1))
(31): ReLU(inplace)
(32): Conv2d (512, 512, kernel_size=(3, 3), stride=(1, 1), padding=(1,1))
(33): ReLU(inplace)
(34): Conv2d (512, 512, kernel_size=(3, 3), stride=(1, 1), padding=(1,1))
(35): ReLU(inplace)
(36): MaxPool2d(kernel_size=(2, 2), stride=(2, 2), dilation=(1, 1)))
```

要生成藝術作品，必須定義 loss 函數和 optimizer 函數；下一節我們將對它們進行初始化。

7.1.6 為網路層建立損失函數

我們已將 loss 函數定義為 PyTorch 層，因而可以直接為不同的風格損失和內容損失建立 loss 層，用來定義此函數的程式碼如下：

```
loss_fns = [StyleLoss()] * len(style_layers) + [nn.MSELoss()]
*len(content_layers)
```

loss_fns 包含了一批風格損失物件和內容損失物件列表，根據陣列長度所生成的。

7.1.7 建立優化器

通常，要傳入參數給被訓練的網路（如 VGG），但在本例中，我們使用 VGG 模型作為特徵提取器，因而不能傳入參數給 VGG；這裡只會提供參數給 opt_img 變數，我們將優化這個變數來讓圖片擁有需要的內容和風格。下面的程式碼建立了對變數值進行優化的 optimizer：

```
optimizer = optim.LBFGS([opt_img]);
```

至此，已經準備好訓練需要的所有組件了。

7.1.8 訓練

這次的 training 方法和迄今為止其他模型的訓練方法完全不同。在這裡，需要在多個層上計算損失值，並且每次呼叫優化器時，輸入圖片都會改變，如此一來它的內容和風格才會更貼近目標的內容和風格。我們先看一下訓練的程式碼，然後再一一解釋訓練中的重要步驟：

```
max_iter = 500
show_iter = 50
n_iter=[0]

while n_iter[0] <= max_iter:

    def closure():
        optimizer.zero_grad()
        out = extract_layers(loss_layers,opt_img,model=vgg)
        layer_losses = [weights[a] * loss_fns[a](A, targets[a]) for a,A in
enumerate(out)]
        loss = sum(layer_losses)
        loss.backward()
        n_iter[0]+=1
        #列印損失值
        if n_iter[0]%show_iter == (show_iter-1):
            print('Iteration: %d, loss: %f'%(n_iter[0]+1, loss.data[0]))

        return loss
    optimizer.step(closure)
```

我們將此訓練進行 500 次迭代。對於每一次迭代，使用 extract_layers 函數計算 VGG 模型不同層的輸出。在本例中，唯一改變的就是包含了風格圖片的 opt_img 變數值。計算完成後，在所有輸出上進行迭代，傳入對應的 loss 函數以及各自的目標來計算損失，然後把所有的損失值匯總起來並呼叫 backward 函數。在 closure 函數最後，返回 loss，然後在 max_iter 循環中一起呼叫 closure 方法和 optimizer.step 方法。如果你在 GPU 上執行，可能要花上幾分鐘；但如果是在 CPU 上執行，可以減少影像尺寸來加快運算的速度。

執行了 500 輪之後，在我的機器上看到的結果圖片如下（見圖 7.4）。你可以嘗試組合不同的內容和風格，將會產生非常有趣且互不相同的圖片。

■ 圖 7.4

下一節，我們要使用**深度卷積生成對抗網路**（deep convolutional generative adversarial network, DCGAN）來產生人臉。

7.2 生成對抗網路（GAN）

GAN 在最近幾年變得非常流行，幾乎每週都會有 GAN 領域的新進展，它已經成為深度學習最重要的方向之一，相關的研究社群也十分活躍。GAN 在 2014 年由 Ian Goodfellow 提出，GAN 透過同時訓練兩個深度神經網路，解決了非監督式學習問題，這兩個互相對抗的網路稱為**生成**（generator）**網路**和**判別**（discriminator）**網路**。在訓練過程中，兩個網路最終都進化得更好。

我們可以透過偽造者（counterfeiter，即生成模型）和警察（即判別模型）的例子來理解 GAN。一開始，偽造者向警察展示假鈔，被警察看出是假鈔並向偽造者解釋它為何是假的，偽造者根據所收到的回饋又製造了新的假鈔，警察再次識破並告訴偽造者認出假鈔的原因，就這樣一來一往重複了非常多次，直到偽造者可以製造出警察無法辨識的擬真偽鈔為止。在 GAN 的情境中，我們會得到一個生成網路，它可以生成跟真實圖片非常相似的擬真影像，以及可以高度辨識出真偽的分類器。

GAN 是偽造網路和專家網路的組合，每個網路都被訓練來要打敗對方。生成網路以隨機向量作為輸入並產生一張合成影像，而判別網路則是拿到輸入的圖片，並判斷圖片是真實的或偽造的。我們傳入到判別網路的影像，不是真實圖片就是偽造的影像。

生成網路的訓練是要產生影像，並欺騙判別網路，讓它相信影像是真實的。但判別網路也會根據訓練時給予的回饋持續改進、不受到矇騙。儘管 GAN 的理論聽起來很簡單，然而訓練 GAN 模型實際上是很困難的，因為有兩個需要訓練的深度學習網路，導致 GAN 的訓練十分具有挑戰性。

> **NOTE**
>
> DCGAN 是早期的 GAN 模型之一，它示範了如何建立一個可以透過自我學習來產生有意義影像的 GAN 模型，你可以透過以下連接獲取更多資訊：https://arxiv.org/pdf/1511.06434.pdf

圖 7.5 為 GAN 模型的架構示意圖：

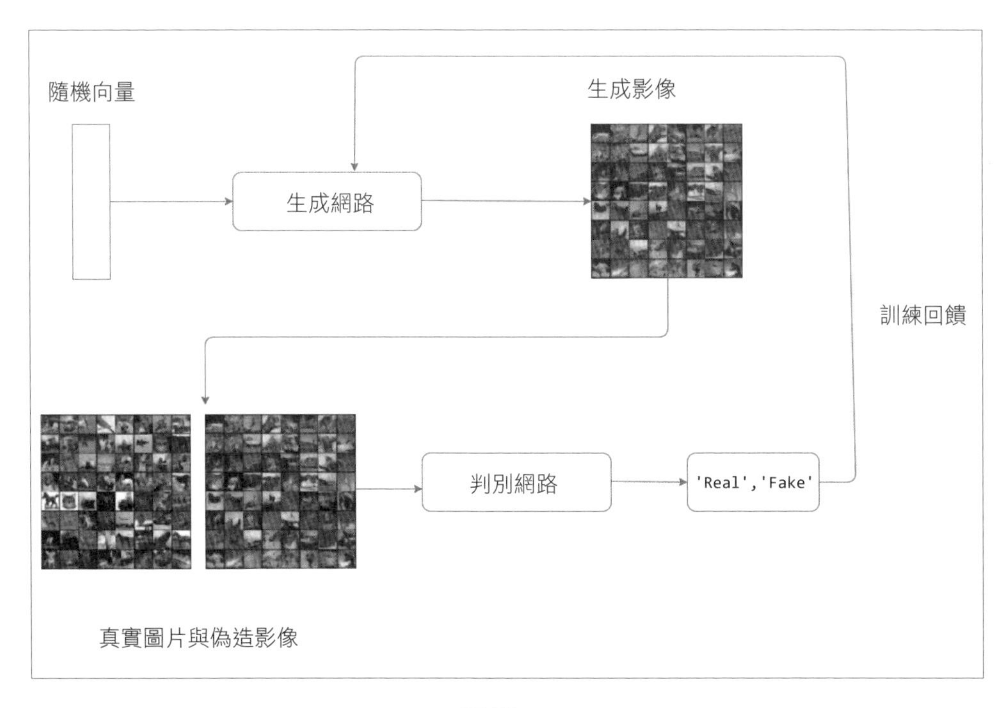

■ 圖 7.5

我們將探討該架構的每一個組件，以及這些組件背後的原理，然後在下一節用 PyTorch 實作同樣的流程。等實作完成時，我們會學習到 DCGAN 如何運作的基本知識。

7.3 深度卷積生成對抗網路（DCGAN）

在本節中，我們將根據前面提到的 *DCGAN paper I* 來實作 GAN 架構的不同部分，訓練 DCGAN 的幾個重要部分包括了：

- 生成網路——將某個固定維度的特徵向量（數字的列表）映射到某種形狀的圖片。在我們的實作中，形狀為（3, 64, 64）。
- 判別網路——將生成網路生成的影像或真實資料集中的圖片作為輸入，映射到可以判別輸入影像真偽的分數。
- 定義生成網路和判別網路的損失函數。
- 定義優化器。
- 訓練 GAN。

我們將詳細講述這些部分。根據 PyTorch 實例的程式碼實作，可以在下方連結找到：

```
https://github.com/pytorch/examples/tree/master/dcgan
```

7.3.1 定義生成網路

生成網路以固定維數的隨機向量作為輸入，並應用一系列轉置卷積、批次正規化和 ReLU 激勵函數，產生所需尺寸的圖片。在深入理解生成網路的實作方法之前，先看一下如何定義轉置卷積和批次正規化。

轉置卷積（transposed convolution）

轉置卷積又稱為**微步幅卷積（fractionally strided convolution）**，它們的運作方式與卷積相反（因此也稱為反卷積）；簡單來說，它們嘗試計算出如何將輸入向量映射到更高的維度，我們藉由圖 7.6 來幫助理解：

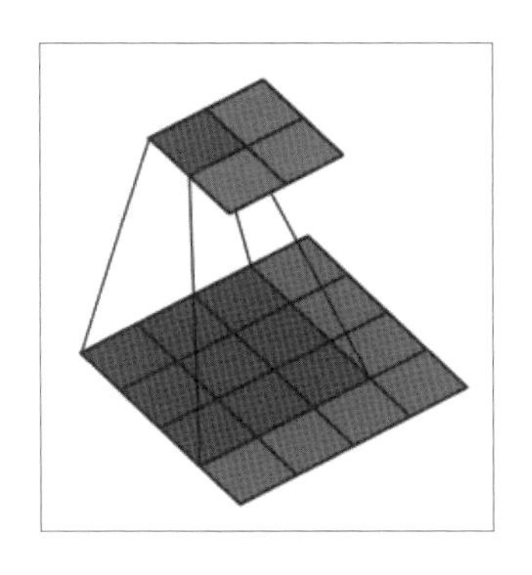

■ 圖 7.6

圖 7.6 來自 Theano（另一種流行的深度學習架構）文件。如果你想瞭解更多關於步幅卷積如何運作，強烈建議你閱讀 Theano 文件的這篇文章（`http://deeplearning.net/software/theano/tutorial/conv_arithmetic.html/`）。對我們而言，關鍵之處在於，它有助於將向量轉換成所需維度的張量，我們可以透過反向傳播來訓練核心的值。

批次正規化

我們已經多次注意到，所有傳入機器學習或深度學習演算法的特徵值都進行了正規化處理：也就是從資料中減去平均值，使得特徵值變成以 0 為中心，並將資料除以標準差，讓資料具有單位標準差。通常我們會用 PyTorch 的 `torchvision.Normalize` 方法來實作。下列程式碼展示了一個例子：

```
transforms.Normalize((0.5, 0.5, 0.5), (0.5, 0.5, 0.5))
```

在我們看過的所有例子當中，資料都是在進入神經網路之前進行正規化處理，因此無法確保中間層獲得的是正規化的輸入。圖 7.7 所示為神經網路的中間層獲取正規化資料失敗的情況：

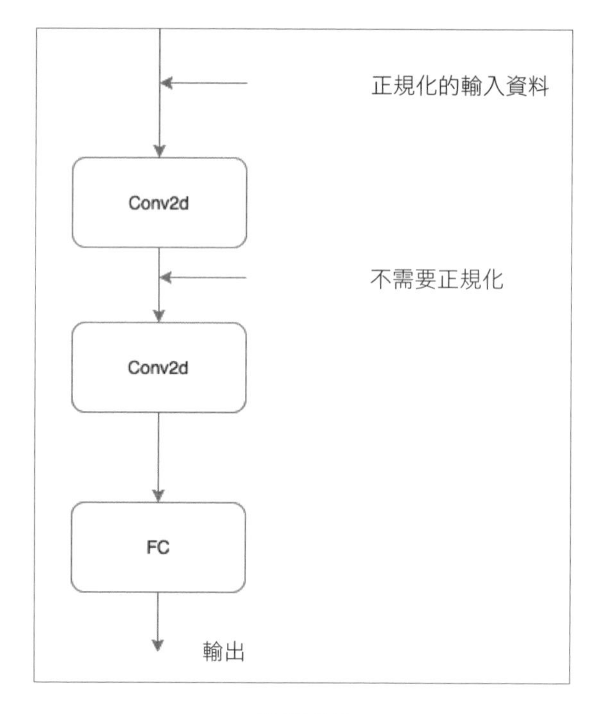

■ 圖 7.7

批次正規化類似於中間函數或一個層，當平均值和變異數在訓練中隨著時間而變化時，它會正規化中間資料。批次正規化是由 Ioffe 和 Szegedy（參考 `https://arxiv.org/abs/1502.03167`）在 2015 年所提出，它在訓練、驗證和測試期間的表現並不相同：訓練期間，平均值和變異數在批次資料上進行計算；在驗證和測試期間，使用的是全域值。我們需要瞭解的是，它正規化了中間資料。使用批次正規化的主要優點是：

- 改善網路中的梯度流（gradient flow），有助於建立更深層的網路。
- 允許更高的學習率。
- 降低對初始化的強依賴。
- 作為一種正則化（regularization）形式，減少了對 dropout 的依賴。

多數的現代架構，如 ResNet 和 Inception，都廣泛使用了批次正規化。批次正規化層在卷積層或線性層（或說全連接層）之後引入，如圖 7.8 所示：

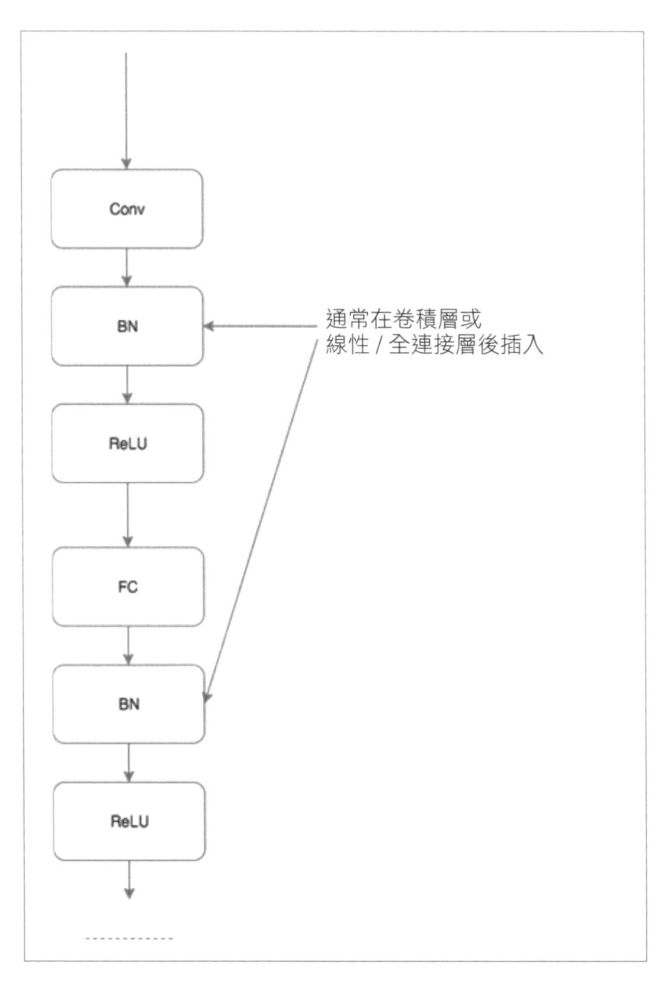

■ 圖 7.8

到現在為止，我們已經直觀理解了生成網路的主要組件。

生成網路

下面快速地看一下生成網路的程式碼，然後討論生成網路的關鍵特徵：

```
class Generator(nn.Module):
    def __init__(self):
        super(Generator, self).__init__()

        self.main = nn.Sequential(
            #輸入是 Z，進入卷積
            nn.ConvTranspose2d(nz, ngf * 8, 4, 1, 0, bias=False),
            nn.BatchNorm2d(ngf * 8),
            nn.ReLU(True),
            #狀態大小 . (ngf*8) x 4 x 4
            nn.ConvTranspose2d(ngf * 8, ngf * 4, 4, 2, 1, bias=False),
            nn.BatchNorm2d(ngf * 4),
            nn.ReLU(True),
            #狀態大小 . (ngf*4) x 8 x 8
            nn.ConvTranspose2d(ngf * 4, ngf * 2, 4, 2, 1, bias=False),
            nn.BatchNorm2d(ngf * 2),
            nn.ReLU(True),
            #狀態大小 . (ngf*2) x 16 x 16
            nn.ConvTranspose2d(ngf * 2, ngf, 4, 2, 1, bias=False),
            nn.BatchNorm2d(ngf),
            nn.ReLU(True),
            #狀態大小 . (ngf) x 32 x 32
            nn.ConvTranspose2d( ngf, nc, 4, 2, 1, bias=False),
            nn.Tanh()
            #狀態大小 . (nc) x 64 x 64
        )

    def forward(self, input):
        output = self.main(input)
        return output

netG = Generator()
netG.apply(weights_init)
print(netG)
```

在我們看過的大多程式碼範例中，都使用了許多不同的層，然後定義 forward 方法的流向。在生成網路中，我們使用序列模型，在 __init__ 方法中定義網路層和資料流。

模型將大小為 nz 的張量作為輸入，然後傳入轉置卷積層，將輸入映射成需要生成的圖片尺寸。forward 函數將輸入傳遞給序列模組並返回輸出。

生成網路的最後一層是 tanh 層，它將值域限定到網路可以生成的範圍。

我們不使用相同的隨機權重，而是使用論文中定義的權重對模型進行初始化。下面是權重的初始化程式碼：

```
def weights_init(m):
    classname = m.__class__.__name__
    if classname.find('Conv') != -1:
        m.weight.data.normal_(0.0, 0.02)
    elif classname.find('BatchNorm') != -1:
        m.weight.data.normal_(1.0, 0.02)
        m.bias.data.fill_(0)
```

透過將函數傳遞給生成器物件 netG 來呼叫 weight 函數。每一層都會傳入這個函數；如果是卷積層，初始化權重的方式會完全不同；如果是 BatchNorm 層，初始化方法也會略微不一樣。使用下面的程式碼在網路物件上呼叫函數：

```
netG.apply(weights_init)
```

7.3.2 定義判別網路

先快速看一下判別網路程式碼，然後再來討論判別網路的關鍵特徵：

```
class Discriminator(nn.Module):
    def __init__(self):
        super(_netD, self).__init__()
        self.main = nn.Sequential(
            #輸入是 (nc) x 64 x 64
```

```
            nn.Conv2d(nc, ndf, 4, 2, 1, bias=False),
            nn.LeakyReLU(0.2, inplace=True),
            #狀態大小 . (ndf) x 32 x 32
            nn.Conv2d(ndf, ndf * 2, 4, 2, 1, bias=False),
            nn.BatchNorm2d(ndf * 2),
            nn.LeakyReLU(0.2, inplace=True),
            #狀態大小 . (ndf*2) x 16 x 16
            nn.Conv2d(ndf * 2, ndf * 4, 4, 2, 1, bias=False),
            nn.BatchNorm2d(ndf * 4),
            nn.LeakyReLU(0.2, inplace=True),
            #狀態大小 . (ndf*4) x 8 x 8
            nn.Conv2d(ndf * 4, ndf * 8, 4, 2, 1, bias=False),
            nn.BatchNorm2d(ndf * 8),
            nn.LeakyReLU(0.2, inplace=True),
            #狀態大小 . (ndf*8) x 4 x 4
            nn.Conv2d(ndf * 8, 1, 4, 1, 0, bias=False),
            nn.Sigmoid()
        )

    def forward(self, input):
        output = self.main(input)
        return output.view(-1, 1).squeeze(1)

netD = Discriminator()
netD.apply(weights_init)
print(netD)
```

上述網路中的兩個重點是，**Leaky ReLU** 激勵函數的使用，以及最後激勵層中 sigmoid 的使用。首先來瞭解什麼是 Leaky ReLU。

Leaky ReLU 是一種嘗試解決無效 ReLU 問題的方法。當輸入為負的值，Leaky ReLU 不再返回 0，而是輸出一個極小的值，像是 0.001。前面的論文中表示，使用 Leaky ReLU 可改善判別網路的效率。

另一個很重要的不同點在於，判別網路的最後不再使用全連接層，通常會用全域平均池化層（global average pooling）取代最後的全連接層。但是，使用全域平均池化層的同時也降低了收斂速度（建立準確分類器的迭代次數）。最後的卷積層平面化後傳入 sigmoid 層。

除了上述兩個不同點，網路的其餘部分就跟本書的其他影像分類網路類似。

7.3.3 定義損失函數和優化器

我們將定義一個二元交叉熵損失函數和兩個優化器，一個用於生成網路，另一個用於判別網路，程式碼如下：

```
criterion = nn.BCELoss()

#設置優化器
optimizerD = optim.Adam(netD.parameters(), lr, betas=(beta1, 0.999))
optimizerG = optim.Adam(netG.parameters(), lr, betas=(beta1, 0.999))
```

到目前為止，這跟前面所看到的例子都很類似。讓我們來看看如何訓練生成網路和判別網路。

7.3.4 訓練判別網路

判別網路的損失取決於它在真實圖片上的表現，以及它在生成偽造影像上的表現。損失函數可以定義為：

$$loss = maximize\ log(D(x)) + log(1-D(G(z)))$$

因此，需要用真實圖片和生成網路生成的偽造影像進行訓練。

使用真實圖片訓練判別網路

我們傳入一些真實圖片來訓練判別網路。

首先看一下實作程式碼，然後探討其中的關鍵點：

```
output = netD(inputv)
errD_real = criterion(output, labelv)
errD_real.backward()
```

在上述程式碼中，計算了判別圖片需要的損失和梯度。inputv 和 labelv 表示來自 CIFAR10 資料集和標籤的輸入圖片（真實圖片）；這個步驟和其他影像分類器網路明顯類似。

使用偽造圖片訓練判別網路

現在傳入一些隨機圖片來訓練判別網路。

先看一下程式碼，然後探討其中的關鍵點：

```
fake = netG(noisev)
output = netD(fake.detach())
errD_fake = criterion(output, labelv)
errD_fake.backward()
optimizerD.step()
```

第一行程式碼傳入大小為 100 的向量，生成網路（netG）產生了一張圖片，我們把圖片傳給判別網路，讓判別網路識別圖片的真偽。我們不希望判別網路在訓練的時候，讓生成網路也得到訓練，便透過在變數上呼叫 detach 方法從圖中刪除偽造影像。等到所有的梯度計算完成，再呼叫 optimizer 訓練判別網路。

7.3.5 訓練生成網路

先看一下相關的實作程式碼，然後探討其中的關鍵點：

```
netG.zero_grad()
labelv = Variable(label.fill_(real_label)) #偽造標籤對生成網路的成本是真實的
output = netD(fake)
errG = criterion(output, labelv)
```

```
errG.backward()
optimizerG.step()
```

除了幾個關鍵的不同之處，這很像在偽造影像上訓練判別網路的程式碼。我們照樣傳入生成網路所產生的同一張偽造影像，只不過這一次不會從產生它的圖中刪除它，因為我們希望生成網路得到訓練。計算損失（errG）和梯度，然後呼叫生成網路的優化器，由於我們只想讓生成網路得到訓練，因此在生成網路產出略微真實的影像之前，重複迭代幾次這整個過程。

7.3.6 訓練整個網路

我們看過了 GAN 的各個部分是如何訓練的，現在將其進行如下匯總，並查看用訓練所建立的 GAN 網路全部的程式碼：

- 使用真實圖片訓練判別網路；
- 使用偽造影像訓練判別網路；
- 優化判別網路；
- 根據判別網路的回饋訓練生成網路；
- 單獨優化生成網路。

我們用下面的程式碼來訓練網路：

```
for epoch in range(niter):
    for i, data in enumerate(dataloader, 0):
        ############################
        #(1) 更新判別網路： 最大化 log(D(x)) + log(1 - D(G(z)))
        ###########################
        #使用真實圖片訓練
        netD.zero_grad()
        real, _ = data
        batch_size = real.size(0)
        if torch.cuda.is_available():
            real = real.cuda()
        input.resize_as_(real).copy_(real)
        label.resize_(batch_size).fill_(real_label)
```

```
        inputv = Variable(input)
        labelv = Variable(label)

        output = netD(inputv)
        errD_real = criterion(output, labelv)
        errD_real.backward()
        D_x = output.data.mean()

        #使用偽造影像訓練
        noise.resize_(batch_size, nz, 1, 1).normal_(0, 1)
        noisev = Variable(noise)
        fake = netG(noisev)
        labelv = Variable(label.fill_(fake_label))
        output = netD(fake.detach())
        errD_fake = criterion(output, labelv)
        errD_fake.backward()
        D_G_z1 = output.data.mean()
        errD = errD_real + errD_fake
        optimizerD.step()

        ############################
        #(2) 更新生成網路： 最大化 log(D(G(z)))
        ###########################
        netG.zero_grad()
        labelv = Variable(label.fill_(real_label)) #偽造標籤對生成網路的成本
是真實的
        output = netD(fake)
        errG = criterion(output, labelv)
        errG.backward()
        D_G_z2 = output.data.mean()
        optimizerG.step()

        print('[%d/%d][%d/%d] Loss_D: %.4f Loss_G: %.4f D(x): %.4f D(G(z)):
%.4f / %.4f'
              % (epoch, niter, i, len(dataloader),
                 errD.data[0], errG.data[0], D_x, D_G_z1, D_G_z2))
        if i % 100 == 0:
            vutils.save_image(real_cpu,
```

```
                '%s/real_samples.png' % outf,
                normalize=True)
        fake = netG(fixed_noise)
        vutils.save_image(fake.data,
                '%s/fake_samples_epoch_%03d.png' % (outf, epoch),
                normalize=True)
```

vutils.save_image 將接受一個張量並保存為圖片。如果提供的是小批次的圖片，就保存為圖片網格。

接下來的幾個小節，我們將看到生成影像和真實圖片的樣子。

7.3.7 檢驗生成影像

現在，比較一下真實的圖片和生成的影像。

生成的影像如圖 7.9 所示：

■ 圖 7.9

真實的圖片如圖 7.10 所示：

■ 圖 7.10

比較這兩組圖片，就會發現 GAN 有能力學習如何生成圖片。除了訓練生成新影像之外，我們還有一個判別網路，可以用來分類問題。判別網路學習圖片的重要特徵，在只有有限數量的標籤資料可用時，這些特徵可以用於執行分類任務。當標籤資料有限時，可以訓練 GAN 為我們提供一個分類器，用這個分類器來提取特徵，並根據它來建立一個分類器模組。

在下一節，我們將訓練可以生成文本的深度學習演算法。

7.4 建立語言模型

本節將學習如何教會**遞迴神經網路（recurrent neural network, RNN）**建立文本序列。簡單來說，我們要建立的 RNN 模型將能根據給定的上下文預測下一個詞。這跟手機上的應用程式 *Swift* 很像，能夠猜測用戶準備輸入的下一個詞是什麼。生成序列資料的能力應用在許多不同的領域，像是：

- 影像標題
- 語音識別
- 語言翻譯
- 自動回覆郵件

「第 6 章 _ 序列資料和文本的深度學習」曾經提到，RNN 很難訓練，因此我們將使用 RNN 的變體——**長短期記憶（LSTM）**網路。LSTM 演算法的發展始於 1997 年，但卻在最近幾年才開始流行起來，而 LSTM 之所以流行，要歸因於強大的硬體能力與高品質資料之可用性，以及一些可以提升 LSTM 訓練的技術進展（如 dropout），使得訓練過程變得更為容易。

使用 LSTM 模型生成字元級或單詞級的語言模型是非常流行的做法。在建立字元級的語言模型時，我們給出一個字元，然後訓練 LSTM 模型去預測下一個字元；同樣地，在建立單詞級的語言模型時，我們則是給出一個單詞，要 LSTM 模型去預測下一個單詞。本節我們將會應用 PyTorch 的 LSTM 模型去建立一個單詞級的語言模型。跟訓練其他模組一樣，我們遵循以下幾項標準步驟：

- 準備資料
- 生成批次資料
- 定義基於 LSTM 的模型
- 訓練模型
- 測試模型

本節的靈感來自於 PyTorch 實作的一個單詞語言建模簡化版，參見 https://github.com/pytorch/examples/tree/master/word_language_model 來獲取更多細節。

7.4.1 準備資料

在這個例子中，將會使用名為 WikiText2 的資料集。WikiText language modeling 資料集是從維基百科上一組經過驗證的特色好文中提取一億多筆句元的集合；跟另一個常用的資料集——**賓州樹庫（Penn Treebank, PTB）**預處理版本——相比，WikiText2 是 PTB 的兩倍多。此外，WikiText 資料集也有一個更大的詞匯表，並且保留了原來的大小寫、標點符號和數字。這個資料集包含完整的文章內容，因此它非常適合利用長期依賴關係的模型來使用。

這個資料集是在一篇名為 *Pointer Sentinel Mixture Models*（https://arxiv.org/abs/1609.07843）的論文中介紹的，論文討論了特定問題的解決方案，其中，使用 softmax 層的 LSTM 在預測稀有單詞上是有困難的，而上下文尚不清楚。我們暫時不要去擔心這一點，因為這是一個創新的概念，超出了本書的討論範圍。

圖 7.11 為 WikiText 匯出的資料所呈現的樣子：

```
= Valkyria Chronicles III =

Senjō no Valkyria 3 : <unk> Chronicles ( Japanese : 戦場のヴァルキュリア3 , lit . Valkyria of the Battlefield 3 ) , commonly referred to as Valkyria Chronicles III outside Japan , is a tactical role @-@ playing
video game developed by Sega and Media.Vision for the PlayStation Portable . Released in January 2011 in Japan , it is the third game in the Valkyria series . <unk> the same fusion of tactical and real @-@
time gameplay as its predecessors , the story runs parallel to the first game and follows the " Nameless " , a penal military unit serving the nation of Gallia during the Second Europan War who perform secret
black operations and are pitted against the Imperial unit " <unk> Raven " .
The game began development in 2010 , carrying over a large portion of the work done on Valkyria Chronicles II . While it retained the standard features of the series , it also underwent multiple adjustments ,
such as making the game more <unk> for series newcomers . Character designer <unk> Honjou and composer Hitoshi Sakimoto both returned from previous entries , along with Valkyria Chronicles II director Takeshi
Ozawa . A large team of writers handled the script . The game 's opening theme was sung by May 'n .It met with positive sales in Japan , and was praised by both Japanese and western critics . After release ,
it received downloadable content , along with an expanded edition in November of that year . It was also adapted into manga and an original video animation series . Due to low sales of Valkyria Chronicles II

= = Gameplay = =

As with previous <unk> Chronicles games , Valkyria Chronicles III is a tactical role @-@ playing game where players take control of a military unit and take part in missions against enemy forces . Stories are
through and replayed as they are unlocked . The route to each story location on the map varies depending on an individual player 's approach : when one option is selected , the other is sealed off to the play
unlocked , some of them having a higher difficulty than those found in the rest of the game . There are also love simulation elements related to the game 's two main <unk> , although they take a very minor ro
The game 's battle system , the <unk> system , is carried over directly from <unk> Chronicles . During missions , players select each unit using a top @-@ down perspective of the battlefield map : once a char
by their Action <unk> . Up to nine characters can be assigned to a single mission . During gameplay , characters will call out if something happens to them , such as their health points ( HP ) getting low or
, and " Battle Potentials " , which are grown throughout the game and always grant <unk> to a character . To learn Battle Potentials , each character has a unique " Masters Table " , a grid @-@ based skill ta
her " Valkyria Form " and become <unk> , while Imca can target multiple enemy units with her heavy weapon .
Troops are divided into five classes : Scouts , <unk> , Engineers , <unk> and Armored Soldier . <unk> can switch classes by changing their assigned weapon . Changing class does not greatly affect the stats ga
```

■ 圖 7.11

跟平常一樣，torchtext 在下載和讀取資料集時進行抽象處理，讓資料集的使用更加容易；我們先看一下實作的程式碼：

```
TEXT = d.Field(lower=True, batch_first=True)
train, valid, test = datasets.WikiText2.splits(TEXT,root='data')
```


上述程式碼會下載 WikiText2 資料，並將它劃分成 train、valid 和 test 三個資料集。語言模型建立的主要差別在於資料的處理方式。我們的 WikiText2 文本資料，全都存在一個長的張量裡。來看看程式碼與其結果，以便瞭解資料要怎麼樣才能處理得更好：

```
print(len(train[0].text))

#輸出
2088628
```

從前面的結果可以看出，我們只有一個範例字段（field），它包含了所有文本。來快速看一下文本是如何表示的：

```
print(train[0].text[:100])

#前 100 個句元的結果

'<eos>', '=', 'valkyria', 'chronicles', 'iii', '=', '<eos>', '<eos>',
'senjō', 'no', 'valkyria', '3', ':', '<unk>', 'chronicles', '(', 'japanese',
':', '3', ',', 'lit', '.', 'valkyria', 'of', 'the', 'battlefield', '3',
')', ',', 'commonly', 'referred', 'to', 'as', 'valkyria', 'chronicles',
'iii', 'outside', 'japan', ',', 'is', 'a', 'tactical', 'role', '@-@',
'playing', 'video', 'game', 'developed', 'by', 'sega', 'and',
'media.vision', 'for', 'the', 'playstation', 'portable', '.', 'released',
'in', 'january', '2011', 'in', 'japan', ',', 'it', 'is', 'the', 'third',
'game', 'in', 'the', 'valkyria', 'series', '.', '<unk>', 'the', 'same',
'fusion', 'of', 'tactical', 'and', 'real', '@-@', 'time', 'gameplay', 'as',
'its', 'predecessors', ',', 'the', 'story', 'runs', 'parallel', 'to',
'the', 'first', 'game', 'and', 'follows', 'the'
```

接著快速看一下顯示初始文本的圖片以及它是如何句元化。現在我們有了一個表示 WikiText2 的長序列，長度為 2088628；下一件重要工作是，如何對資料進行批次處理。

7.4.2 生成批次資料

先看一下程式碼，瞭解序列資料批次處理會涉及的兩個關鍵重點：

```
train_iter, valid_iter, test_iter = data.BPTTIterator.splits(
    (train, valid, test), batch_size=20, bptt_len=35, device=0)
```

這個方法有兩個重要的參數，一個是 batch_size，另一個是 bptt_len，稱為**基於時間的反向傳播法（backpropagation through time, BPTT）**，它簡單說明了資料在每個階段是如何轉換的。

批次（batch）

將整個資料作為序列處理有一定的難度，而且計算效率不高。因此，我們將序列資料分解為多個批次，並將每個批次作為一個單獨的序列。雖然聽起來並不簡單，但它的執行效果要好很多，因為模型可以更快地從批次資料中學習。讓我們以英語字母排序為例，將其分成幾個批次。

序列：a, b, c, d, e, f, g, h, i, j, k, l, m, n, o, p, q, r, s, t, u, v, w, x, y, z

當我們將前面的字母序列轉換成四個批次，得到的是：

a g m s y

b h n t z

c i o u

d j p v

e k q w

f l r x

在大多數情況下，我們會裁剪最後形成批次較小的額外單詞或句元，因為它們對文本模型的建立並沒有太大的影響。

以 `WikiText2` 為例，如果把它分成 20 個批次，每一個批次會包含 104431 個元素。

◎ 基於時間的反向傳播（BPTT）

另一個流經迭代器的重要變數是基於時間的反向傳播。實際上它表示的是模型需要記住的序列長度，數量愈多、效果就愈好；只不過在此同時，模型的複雜度與其所需的 GPU 記憶體也會增加。

為了便於理解，讓我們看看如何將前面的批次字母資料分割成長度為 2 的序列：

a g m s

b h n t

上面的範例將作為輸入傳遞給模型，而輸出會來自序列，但包含了下面的值：

b h n t

c I o u

對於 `WikiText 2`，當拆分批次資料時，可以得到每批大小為（30,20）的資料，其中 30 是序列長度。

7.4.3 定義基於 LSTM 的模型

我們定義的模型和第 6 章中看到的網路有些類似，但有幾個關鍵的不同點；網路的高層架構如圖 7.12 所示：

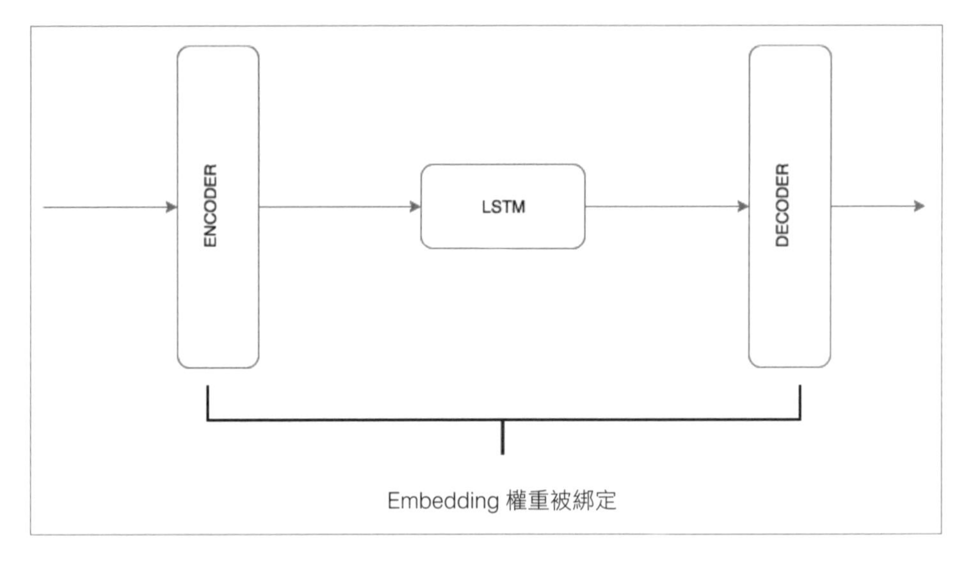

■ 圖 7.12

我們照常先查看程式碼，再來探討程式碼的關鍵部分：

```
class RNNModel(nn.Module):
    def
__init__(self,ntoken,ninp,nhid,nlayers,dropout=0.5,tie_weights=False):
        #ntoken 表示詞彙表中的單詞數量
        #ninp 表示每個單詞的嵌入維度，它是 LSTM 的輸入
        #nlayer 表示 LSTM 需要使用的層數
        #dropout 避免過度擬合
        #tie_weights - 編碼器和解碼器使用相同權重
        super().__init__()
        self.drop = nn.Dropout()
        self.encoder = nn.Embedding(ntoken,ninp)
        self.rnn = nn.LSTM(ninp,nhid,nlayers,dropout=dropout)
        self.decoder = nn.Linear(nhid,ntoken)
        if tie_weights:
            self.decoder.weight = self.encoder.weight
        self.init_weights()
        self.nhid = nhid
        self.nlayers = nlayers
```

```
    def init_weights(self):
        initrange = 0.1
        self.encoder.weight.data.uniform_(-initrange,initrange)
        self.decoder.bias.data.fill_(0)
        self.decoder.weight.data.uniform_(-initrange,initrange)
    def forward(self,input,hidden):
        emb = self.drop(self.encoder(input))
        output,hidden = self.rnn(emb,hidden)
        output = self.drop(output)
        s = output.size()
        decoded = self.decoder(output.view(s[0]*s[1],s[2]))
        return decoded.view(s[0],s[1],decoded.size(1)),hidden
    def init_hidden(self,bsz):
        weight = next(self.parameters()).data

        return
(Variable(weight.new(self.nlayers,bsz,self.nhid).zero_()),Variable (weight.
new(self.nlayers,bsz,self.nhid).zero_()))
```

在 `__init__` 方法中，建立了所有的層，如 embedding、dropout、RNN 和 decoder。在早期的語言模型中，embedding 通常不會用在最後一層；embedding 層的使用，以及嘗試將初始的 embedding 層和最後輸出層的 embedding 結合起來，提高了語言模型的準確度。這個概念是在 2016 年由 Press 和 Wolf 在論文 *Using the Output Embedding to Improve Language Models*（參考連結 `https://arxiv.org/abs/1608.05859`）中提出；同年，Inan 及其共同作者也在論文 *Tying Word Vectors and Word Classifiers: A Loss Framework for Language Modeling*（參考連結 `https://arxiv.org/abs/1611.01462`）中提出了同樣的概念。在綁定了編碼器和解碼器的權重後，就可以呼叫 `init_weights` 方法來初始化層的權重。

`forward` 函數將所有層組合在一起，最後一個線性層會將 LSTM 層所有輸出的激勵函數映射到詞彙表大小的 embedding 層。`forward` 函數的輸入流先是輸入 embedding 層，然後再傳入 RNN（在本例中為 LSTM），之後傳入另一個線性層，decoder。

7.4.4 定義訓練函數與評估函數

模型的訓練跟本書前面出現的所有例子相似，我們只需要做幾個重要修改，讓訓練好的模型運作更有效率。來看一下程式碼的關鍵部分：

```
criterion = nn.CrossEntropyLoss()

def trainf():
    #打開啟用 dropout 的訓練模式
    lstm.train()
    total_loss = 0
    start_time = time.time()
    hidden = lstm.init_hidden(batch_size)
    for i,batch in enumerate(train_iter):
        data, targets = batch.text,batch.target.view(-1)
        #每一批開始時，解綁之前生成的隱藏狀態
        #否則，模型將嘗試反向傳播，一直到資料集的開始
        hidden = repackage_hidden(hidden)
        lstm.zero_grad()
        output, hidden = lstm(data, hidden)
        loss = criterion(output.view(-1, ntokens), targets)
        loss.backward()

        #`clip_grad_norm` 有助於阻止 RNN 或 LSTM 中的梯度爆炸問題
        torch.nn.utils.clip_grad_norm(lstm.parameters(), clip)
        for p in lstm.parameters():
            p.data.add_(-lr, p.grad.data)

        total_loss += loss.data

        if i % log_interval == 0 and i > 0:
            cur_loss = total_loss[0] / log_interval
            elapsed = time.time() - start_time
            (print('| epoch {:3d} | {:5d}/{:5d} batches | lr {:02.2f} |
ms/batch {:5.2f} | loss {:5.2f} | ppl{:8.2f}'.format(epoch, i,
len(train_iter), lr,elapsed * 1000 / log_interval, cur_loss,
math.exp(cur_loss))))
```

```
            total_loss = 0
            start_time = time.time()
```

因為在模型中使用了 dropout，所以需要在訓練、驗證 / 測試資料集上以不同的方式使用。呼叫模型的 `train()` 方法將確保訓練過程中 dropout 是有效的，而呼叫模型的 `eval()` 方法將確保 dropout 的不同使用：


```
lstm.train()
```

對於 LSTM 模型，需要將隱藏變數和輸入一起傳入。`init_hidden` 函數將 batch size（批次尺寸）作為輸入，並返回一個可隨輸入一起使用的隱藏變數。我們可以在訓練資料上進行迭代，並將輸入資料傳遞給模型。因為處理的是序列資料，每次迭代以隨機初始化的隱藏狀態開始並不合理；因此，透過呼叫 `detach` 方法將隱藏狀態從圖形中刪除之後，再使用上一次迭代中的隱藏狀態。如果不呼叫 `detach` 方法，那麼計算就會是一個非常長的序列，直到 GPU 記憶體耗盡為止。

接下來，將輸入傳給 LSTM 模型，並使用 `CrossEntropyLoss` 計算損失值。使用隱藏狀態之前的值是在下面的 `repackage_hidden` 函數中實作的：

```
def repackage_hidden(h):
    """ 把隱藏狀態封裝到新的變數中，將它們從歷史中解除。"""
    if type(h) == Variable:
        return Variable(h.data)
    else:
        return tuple(repackage_hidden(v) for v in h)
```

RNN 網路及其變數，如 LSTM 和**門控循環單元（gated recurrent unit, GRU）**，都會遇到**梯度爆炸（exploding gradient）**的問題，要避免這個問題的簡單方式是使用下列程式碼對梯度進行裁剪（clip）：

```
torch.nn.utils.clip_grad_norm(lstm.parameters(), clip)
```

用下面的程式碼手動調整參數值。使用手動實作的優化器比預建的優化器有更多的靈活性：

```
for p in lstm.parameters():
    p.data.add_(-lr, p.grad.data)
```

在所有參數上進行迭代，並把所有的梯度值乘上學習率後相加。更新所有參數後，記錄時間、損失和複雜度這些統計值。

我們為驗證編寫了類似的函數，在模型上呼叫了 eval 方法。evaluate 函數使用下面的程式碼定義：

```
def evaluate(data_source):
    #打開禁用 dropout 的 evaluation 模式
    lstm.eval()
    total_loss = 0
    hidden = lstm.init_hidden(batch_size)
    for batch in data_source:
        data, targets = batch.text,batch.target.view(-1)
        output, hidden = lstm(data, hidden)
        output_flat = output.view(-1, ntokens)
        total_loss += len(data) * criterion(output_flat, targets).data
        hidden = repackage_hidden(hidden)
    return total_loss[0]/(len(data_source.dataset[0].text)//batch_size)
```

除了呼叫 eval 方法以及不更新模型參數，訓練和驗證的邏輯大部分都是類似的。

7.4.5 訓練模型

將模型訓練多輪，並使用下面的程式碼驗證模型：

```
#循環 epochs 次
best_val_loss = None
epochs = 40

for epoch in range(1, epochs+1):
```

```
    epoch_start_time = time.time()
    trainf()
    val_loss = evaluate(valid_iter)
    print('-' * 89)
    print('| end of epoch {:3d} | time: {:5.2f}s | valid loss {:5.2f} | '
          'valid ppl {:8.2f}'.format(epoch, (time.time() - epoch_start_time),
                                     val_loss, math.exp(val_loss)))
    print('-' * 89)
    if not best_val_loss or val_loss < best_val_loss:
        best_val_loss = val_loss
    else:
        #如果在驗證資料集中沒有看到任何改進，則降低學習率。
        lr /= 4.0
```

上述程式碼將模型訓練了 40 輪，我們以較高的學習率 20 開始，當驗證集上的損失飽和時，逐漸降低學習率。模型執行 40 輪後，其 ppl 分數大約為 108.45。下面的程式碼包含了模型最後執行日誌：

```
-----------------------------------------------------------------------------
--------------
| end of epoch  39 | time: 34.16s | valid loss 4.70 | valid ppl  110.01
-----------------------------------------------------------------------------
--------------
| epoch 40 |    200/ 3481 batches | lr 0.31 | ms/batch 11.47 | loss 4.77 |
ppl 117.40
| epoch 40 |    400/ 3481 batches | lr 0.31 | ms/batch  9.56 | loss 4.81 |
ppl 122.19
| epoch 40 |    600/ 3481 batches | lr 0.31 | ms/batch  9.43 | loss 4.73 |
ppl 113.08
| epoch 40 |    800/ 3481 batches | lr 0.31 | ms/batch  9.48 | loss 4.65 |
ppl 104.77
| epoch 40 |   1000/ 3481 batches | lr 0.31 | ms/batch  9.42 | loss 4.76 |
ppl 116.42
| epoch 40 |   1200/ 3481 batches | lr 0.31 | ms/batch  9.55 | loss 4.70 |
ppl 109.77
| epoch 40 |   1400/ 3481 batches | lr 0.31 | ms/batch  9.41 | loss 4.74 |
ppl 114.61
```

```
| epoch 40 |    1600/ 3481 batches | lr 0.31 | ms/batch  9.47 | loss 4.77 |
ppl 117.65
| epoch 40 |    1800/ 3481 batches | lr 0.31 | ms/batch  9.46 | loss 4.77 |
ppl 118.42
| epoch 40 |    2000/ 3481 batches | lr 0.31 | ms/batch  9.44 | loss 4.76 |
ppl 116.31
| epoch 40 |    2200/ 3481 batches | lr 0.31 | ms/batch  9.46 | loss 4.77 |
ppl 117.52
| epoch 40 |    2400/ 3481 batches | lr 0.31 | ms/batch  9.43 | loss 4.74 |
ppl 114.06
| epoch 40 |    2600/ 3481 batches | lr 0.31 | ms/batch  9.44 | loss 4.62 |
ppl 101.72
| epoch 40 |    2800/ 3481 batches | lr 0.31 | ms/batch  9.44 | loss 4.69 |
ppl 109.30
| epoch 40 |    3000/ 3481 batches | lr 0.31 | ms/batch  9.47 | loss 4.71 |
ppl 111.51
| epoch 40 |    3200/ 3481 batches | lr 0.31 | ms/batch  9.43 | loss 4.70 |
ppl 109.65
| epoch 40 |    3400/ 3481 batches | lr 0.31 | ms/batch  9.51 | loss 4.63 |
ppl 102.43
val loss 4.686332647950745
-----------------------------------------------------------------------------
--------------
| end of epoch  40 | time: 34.50s | valid loss  4.69 | valid ppl  108.45
-----------------------------------------------------------------------------
--------------
```

過去幾個月中，為了建立預訓練的詞嵌入向量，研究人員開始探索使用前述的方法建立語言模型。如果對這個方法感興趣，強烈建議大家閱讀 Jeremy Howard 和 Sebastian Ruder 寫的論文 *Fine-tuned Language Models for Text Classification*（參考連結 https://arxiv.org/abs/1801.06146），該論文詳細闡述了語言建模技術如何用於準備特定領域的詞嵌入向量，之後便可以將它們用在不同的 NLP 任務，像是文本分類問題。

7.5 小結

本章講述了如何訓練使用生成網路的深度學習演算法，使其生成藝術風格轉換，以及使用 GAN 和 DCGAN 生成新圖片和使用 LSTM 網路生成文本的深度學習演算法。

下一章將講述一些現代架構，例如，用於建立更佳電腦視覺模型的 ResNet 和 Inception，以及用於語言翻譯和影像標題的序列對序列（sequence-to-sequence）模型。

LEARNING

08

現代網路架構

上一章討論了深度學習演算法如何應用在建立藝術圖片、根據現有資料集產生新影像以及生成文本。本章將介紹不同的網路架構，這些架構可用於電腦視覺和自然語言處理系統，包括了：

- ResNet
- Inception
- DenseNet
- encoder-decoder 架構

8.1 現代網路架構

當深度學習模型學習失敗時，我們該做的重要操作之一，就是給模型添加更多的層。隨著層數增加，模型的準確率得到提升，然後會達到飽和；這時再增加更多的層，準確率就會開始下降，在到達一定深度後加入更多層會帶來一些問題，像是梯度消失或梯度爆炸，其中一部分可以透過仔細初始化權重和引入中間的正規化層來解決。現代架構，如**殘差網路（residual network, ResNet）**和 Inception，則是試圖透過引入不同的技術來解決這些問題，像是殘差連接（residual connection）。

8.1.1 ResNet

ResNet 藉由增加捷徑連接（shortcut connection），顯性地讓網路中的層擬合殘差映射（residual mapping）。圖 8.1 顯示了 ResNet 是如何工作的：

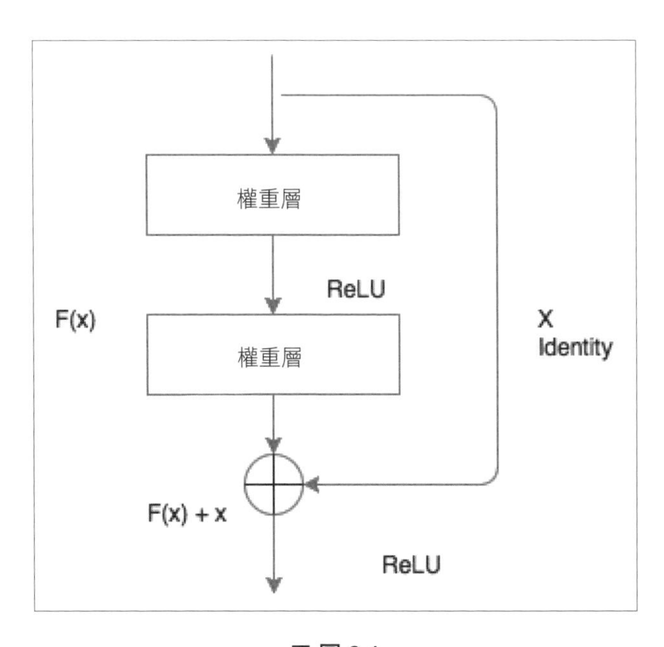

■ 圖 8.1

我們見過的所有網路，都試圖透過堆疊不同的層找到可將輸入 *(x)* 映射為輸出 *(H(x))* 的函數。ResNet 的作者提出了修正方案：不再嘗試學習 *x* 到 *H(x)* 的潛在映射，而是學習兩者之間的不同，或說殘差（residual）。然後，為了計算 *H(x)*，可將殘差加到輸入上。假設殘差是 $F(x) = H(x) - x$，我們將嘗試學習 $F(x)+ x$，而不是直接學習 *H(x)*。

每個 ResNet 區塊都包含一系列的層，捷徑連接把區塊的輸入加到區塊的輸出上。由於加法運算是在元素級別執行的，所以輸入和輸出的大小要一致；如果它們的大小不同，我們可以採用填充（padding）的方式。下面的程式碼示範了一個簡單的 ResNet 區塊：

```
class ResNetBasicBlock(nn.Module):
    def __init__(self,in_channels,out_channels,stride):
        super().__init__()
        self.conv1 =
nn.Conv2d(in_channels,out_channels,kernel_size=3,stride=stride,padding=1,bi
as=False)
        self.bn1 = nn.BatchNorm2d(out_channels)
        self.conv2 =
nn.Conv2d(out_channels,out_channels,kernel_size=3,stride=stride,padding=1,bi
as=False)
        self.bn2 = nn.BatchNorm2d(out_channels)
        self.stride = stride
    def forward(self,x):
        residual = x
        out = self.conv1(x)
        out = F.relu(self.bn1(out),inplace=True)
        out = self.conv2(out)
        out = self.bn2(out)
        out += residual
        return F.relu(out)
```

ResNetBasicBlock 包含了 init 方法，所有不同的層都在這個方法中初始化，如卷積層、批次正規化層和 ReLU 層。forward 方法和之前看到的用法幾乎相同，除了在返回前會把輸入加回到層的輸出上這一點是不一樣的。

PyTorch 的 torchvision 套件提供了帶有不同層的開箱即用的 ResNet 模型。一些可用的不同模型如下：

- ResNet-18
- ResNet-34
- ResNet-50
- ResNet-101
- ResNet-152

我們也可以使用上述任一個模型進行遷移學習。torchvision 實例可以簡單建立上述的模型並加以使用，我們在本書中已經用過幾次了，下列程式碼是為上述模型更新過的：

```
from torchvision.models import resnet18

resnet = resnet18(pretrained=False)
```

圖 8.2 為一個 34 層的 ResNet 模型：

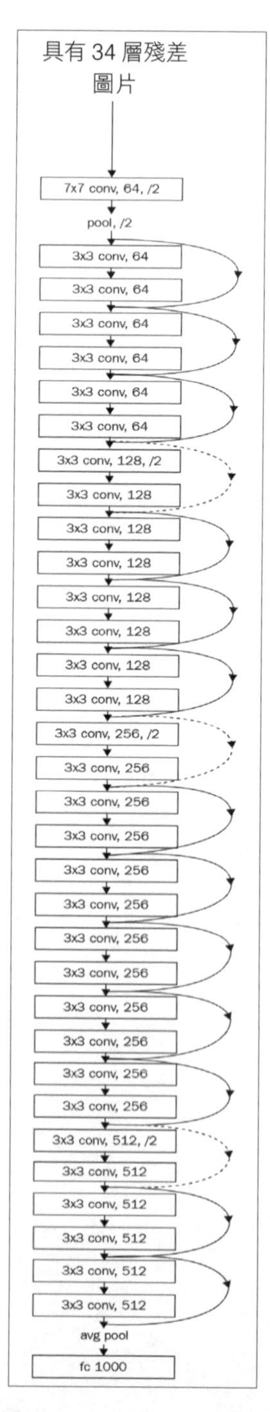

■ 圖 8.2　34 層的 ResNet 模型

可以看出，網路包含了多個 ResNet 區塊。曾經有研究人員嘗試將模型深度加深至 1,000 層之多，不過對於大多數實務案例，個人建議是從小一點的網路開始。這些現代網路的另一個關鍵優勢是，與其他的模型如 VGG 相比，需要的參數非常少，因為它們不會用到需要大量訓練參數的全連接層。另一個用於解決電腦視覺領域問題的流行架構是 **Inception**；在講解 Inception 架構前，先在 `Dogs vs. Cats` 資料集上訓練一個 ResNet 模型。我們將使用「第 5 章 _ 應用於電腦視覺的深度學習」中的資料，根據 ResNet 計算出的特徵快速訓練模型。我們照樣採用下面的步驟訓練模型：

- 建立 PyTorch 資料集
- 為訓練和驗證集建立載入器
- 建立 ResNet 模型
- 提取卷積特徵
- 為預卷積特徵和載入器建立自定義的 PyTorch 資料集類別
- 建立簡單線性模型
- 訓練和驗證模型

在完成後，就可以讓 Inception 和 DenseNet 重複使用這些步驟。最後，我們將探討集成（ensembling）技術，也就是如何把這些強大的模型組合起來建立成一個新模型。

建立 PyTorch 資料集

建立一個包含所有需要基本轉換的轉換物件，並使用 `ImageFolder` 載入第 5 章建立的資料目錄裡的圖片。利用下列程式碼建立資料集：

```
data_transform = transforms.Compose([
        transforms.Resize((299,299)),
        transforms.ToTensor(),
        transforms.Normalize([0.485, 0.456, 0.406], [0.229, 0.224, 0.225])
    ])
```

```
#載入 Dogs vs. Cats 資料集
train_dset =
ImageFolder('../../chapter5/dogsandcats/train/',transform=data_transform)
val_dset =
ImageFolder('../../chapter5/dogsandcats/valid/',transform=data_transform)
classes=2
```

到現在為止，上述程式碼大部分都是簡單易懂的。

為訓練和驗證集建立載入器

使用 PyTorch 的載入器來加載資料集提供的批次資料，這樣做的好處包括混洗資料、使用多執行緒（multi-thread）來加速過程等。我們用下面的程式碼來示範這個步驟：

```
train_loader =
DataLoader(train_dset,batch_size=32,shuffle=False,num_workers=3)
val_loader = DataLoader(val_dset,batch_size=32,shuffle=False,num_workers=3)
```

在計算預卷積特徵時，要維護好資料的確切順序。當允許資料混洗時，就沒辦法維護標籤了，因而，請確保 `shuffle` 為 `False`，否則就要在程式碼內部處理必要的邏輯。

建立 ResNet 模型

使用 `resnet34` 預訓練模型的層，丟棄最後的線性層後，建立一個 PyTorch 的序列模型。我們將使用該預訓練模型從圖片中提取特徵，實作程式碼如下：

```
#建立 ResNet 模型
my_resnet = resnet34(pretrained=True)

if is_cuda:
    my_resnet = my_resnet.cuda()

my_resnet = nn.Sequential(*list(my_resnet.children())[:-1])
```

```
for p in my_resnet.parameters():
    p.requires_grad = False
```

在上述程式碼中，建立了 torchvision 中的 resnet34 模型。我們使用下列程式碼取得最後一層以外的所有 ResNet 網路層，並利用 nn.Sequential 建立了一個新模型：

```
for p in my_resnet.parameters():
    p.requires_grad = False
```

nn.Sequential 實例允許我們使用 PyTorch 的層快速建立模型。模型建立後，不要忘記將 requires_grad 參數的值設為 False，這將允許 PyTorch 無須維護用於保存梯度的任何空間。

提取卷積特徵

我們透過模型來傳遞訓練和驗證資料載入器中的資料，並將模型的結果存在列表中，供後續計算使用。透過計算預卷積的特徵，可以節省大量的模型訓練時間，原因是我們無須在每一次迭代中計算這些特徵。用下述程式碼來計算預卷積的特徵：

```
#處理訓練資料

#保存訓練資料的標籤
trn_labels = []

#保存訓練資料的預卷積特徵
trn_features = []

#在訓練資料上迭代，並保存計算出的特徵和標籤
for d,la in train_loader:
    o = m(Variable(d.cuda()))
    o = o.view(o.size(0),-1)
    trn_labels.extend(la)
    trn_features.extend(o.cpu().data)
```

```
#處理驗證資料

#在驗證資料上迭代，並保存計算出的特徵和標籤
val_labels = []
val_features = []
for d,la in val_loader:
    o = m(Variable(d.cuda()))
    o = o.view(o.size(0),-1)
    val_labels.extend(la)
    val_features.extend(o.cpu().data)
```

計算出預卷積特徵後，需要建立可以從預卷積特徵中選取資料的自定義資料集。那就讓我們為預卷積特徵建立資料集和載入器吧！

◎ 為預卷積特徵和載入器建立自定義的 PyTorch 資料集類別

我們已經知道要如何建立 PyTorch 資料集，它應是 torch.utils.data 資料集類別的子類，並且要實作 __getitem__(self,index) 方法和返回資料集中資料長度的 __len__(self) 方法。下面的程式碼為預卷積特徵實作了自定資料集：

```
class FeaturesDataset(Dataset):
    def __init__(self,featlst,labellst):
        self.featlst = featlst
        self.labellst = labellst
    def __getitem__(self,index):
        return (self.featlst[index],self.labellst[index])
    def __len__(self):
        return len(self.labellst)
```

自定義資料集類別建立好之後，為預訓練特徵建立資料載入器就很簡單了，如下所示：

```
#為訓練和驗證建立資料集
trn_feat_dset = FeaturesDataset(trn_features,trn_labels)
val_feat_dset = FeaturesDataset(val_features,val_labels)
```

```
#為訓練和驗證建立資料載入器
trn_feat_loader = DataLoader(trn_feat_dset,batch_size=64,shuffle=True)
val_feat_loader = DataLoader(val_feat_dset,batch_size=64)
```


現在，要建立一個簡單的線性模型，來將預卷積特徵映射到對應的分類。

建立簡單線性模型

建立一個簡單線性模型，將預卷積特徵映射到各自的分類。在本例中，分類的個數為 2：

```
class FullyConnectedModel(nn.Module):
    def __init__(self,in_size,out_size):
        super().__init__()
        self.fc = nn.Linear(in_size,out_size)

    def forward(self,inp):
        out = self.fc(inp)
        return out

fc_in_size = 8192

fc = FullyConnectedModel(fc_in_size,classes)
if is_cuda:
    fc = fc.cuda()
```

現在，我們已準備好訓練新模型並驗證資料集了。

訓練和驗證模型

在這個步驟，我們將使用從第 5 章就一直使用的相同 `fit` 函數。為了節約空間，這裡不會再將該函數包含進來；下面是訓練模型和展示結果的程式碼片段：

```
train_losses , train_accuracy = [],[]
val_losses , val_accuracy = [],[]
for epoch in range(1,10):
```

```
    epoch_loss, epoch_accuracy =
fit(epoch,fc,trn_feat_loader,phase='training')
    val_epoch_loss , val_epoch_accuracy =
fit(epoch,fc,val_feat_loader,phase='validation')
    train_losses.append(epoch_loss)
    train_accuracy.append(epoch_accuracy)
    val_losses.append(val_epoch_loss)
    val_accuracy.append(val_epoch_accuracy)
```

上述程式碼的執行結果如下：

```
#結果
training loss is 0.082 and training accuracy is 22473/23000      97.71
validation loss is   0.1 and validation accuracy is 1934/2000      96.7
training loss is  0.08 and training accuracy is 22456/23000      97.63
validation loss is  0.12 and validation accuracy is 1917/2000     95.85
training loss is 0.077 and training accuracy is 22507/23000      97.86
validation loss is   0.1 and validation accuracy is 1930/2000      96.5
training loss is 0.075 and training accuracy is 22518/23000       97.9
validation loss is 0.096 and validation accuracy is 1938/2000      96.9
training loss is 0.073 and training accuracy is 22539/23000       98.0
validation loss is   0.1 and validation accuracy is 1936/2000      96.8
training loss is 0.073 and training accuracy is 22542/23000      98.01
validation loss is 0.089 and validation accuracy is 1942/2000      97.1
training loss is 0.071 and training accuracy is 22545/23000      98.02
validation loss is  0.09 and validation accuracy is 1941/2000     97.05
training loss is 0.068 and training accuracy is 22591/23000      98.22
validation loss is 0.092 and validation accuracy is 1934/2000      96.7
training loss is 0.067 and training accuracy is 22573/23000      98.14
validation loss is 0.085 and validation accuracy is 1942/2000      97.1
```

從結果中可以看出，模型取得了 98% 的訓練準確率和 97% 的驗證準確率。我們來瞭解另一個現代架構，並使用它計算預卷積特徵和訓練模型。

8.1.2 Inception

我們看到大多數電腦視覺模型使用的深度學習演算法，不是用了過濾器大小為 1×1、3×3、5×5、7×7 的卷積層、就是用了平面池化層。Inception 模組把不同過濾器大小的卷積組合在一起，並將所有的輸出串連起來；圖 8.3 清楚描述了 Inception 模型：

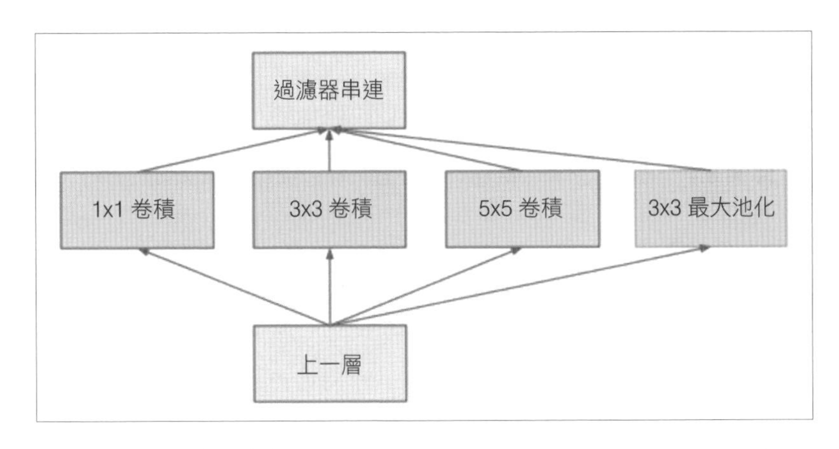

■ 圖 8.3 （圖片來源：https://arxiv.org/pdf/1409.4842.pdf）

圖 8.3 是 Inception 組合區塊的示意圖，不同大小的卷積應用於輸入，而所有層的輸出都串接在一起；這是 Inception 模型最簡單的形式。Inception 區塊的另一個變體是，在傳入 3×3 和 5×5 的卷積前，先把輸入傳給 1×1 的卷積。1×1 的卷積作用在於降維處理，它有助於解決計算瓶頸。1×1 卷積在同一時間不同通道只觀察一個值；例如，在大小為 100×64×64 的輸入上應用 10×1×1 的過濾器，將變成 10×64×64。圖 8.4 為降維處理的 Inception 區塊：

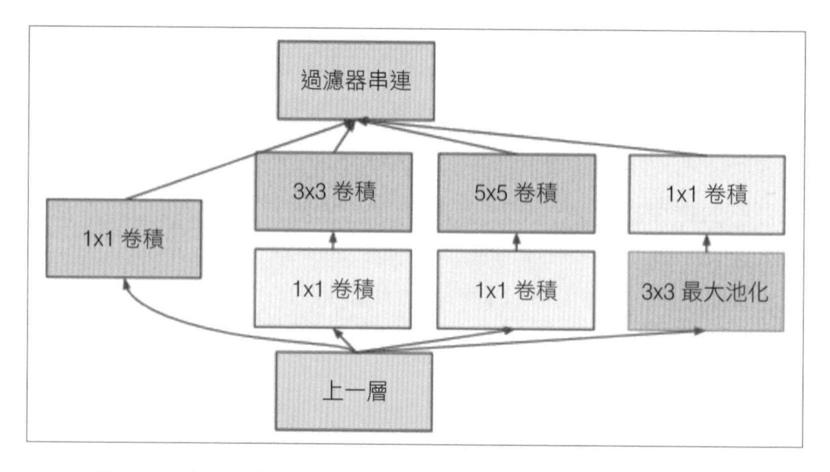

■ 圖 8.4 （圖片來源：https://arxiv.org/pdf/1409.4842.pdf）

現在來看一個前面的 Inception 區塊例子：

```
class BasicConv2d(nn.Module):

    def __init__(self, in_channels, out_channels, **kwargs):
        super(BasicConv2d, self).__init__()
        self.conv = nn.Conv2d(in_channels, out_channels, bias=False,
**kwargs)
        self.bn = nn.BatchNorm2d(out_channels)

    def forward(self, x):
        x = self.conv(x)
        x = self.bn(x)
        return F.relu(x, inplace=True)


class InceptionBasicBlock(nn.Module):

    def __init__(self, in_channels, pool_features):
        super().__init__()
        self.branch1x1 = BasicConv2d(in_channels, 64, kernel_size=1)

        self.branch5x5_1 = BasicConv2d(in_channels, 48, kernel_size=1)
```

```
        self.branch5x5_2 = BasicConv2d(48, 64, kernel_size=5, padding=2)

        self.branch3x3dbl_1 = BasicConv2d(in_channels, 64, kernel_size=1)
        self.branch3x3dbl_2 = BasicConv2d(64, 96, kernel_size=3, padding=1)

        self.branch_pool = BasicConv2d(in_channels, pool_features,
kernel_size=1)

    def forward(self, x):
        branch1x1 = self.branch1x1(x)

        branch5x5 = self.branch5x5_1(x)
        branch5x5 = self.branch5x5_2(branch5x5)

        branch3x3dbl = self.branch3x3dbl_1(x)
        branch3x3dbl = self.branch3x3dbl_2(branch3x3dbl)

        branch_pool = F.avg_pool2d(x, kernel_size=3, stride=1, padding=1)
        branch_pool = self.branch_pool(branch_pool)

        outputs = [branch1x1, branch5x5, branch3x3dbl, branch_pool]
        return torch.cat(outputs, 1)
```

上面的程式碼包含兩個類別：`BasicConv2d` 和 `InceptionBasicBlock`。`BasicConv2d` 類似於自定義層，在流經的輸入上應用了二維卷積層、批次正規化和 ReLU 層。當有要重複使用的程式碼時，最佳實務做法是建立一個新的層，讓程式碼看起來更簡潔。

`InceptionBasicBlock` 實作了圖 8.4 中的內容；讓我們逐行查看程式碼，弄清楚它是如何實作的：

```
branch1x1 = self.branch1x1(x)
```

上面的程式碼應用 1×1 的卷積區塊把輸入進行了轉換：

```
branch5x5 = self.branch5x5_1(x)
branch5x5 = self.branch5x5_2(branch5x5)
```

上面的程式碼先後應用了 1×1 的卷積區塊和 5×5 的卷積區塊對輸入進行了轉換：

```
branch3x3dbl = self.branch3x3dbl_1(x)
branch3x3dbl = self.branch3x3dbl_2(branch3x3dbl)
```

上面的程式碼再應用了 1×1 的卷積區塊和 3×3 的卷積區塊對輸入進行了轉換：

```
branch_pool = F.avg_pool2d(x, kernel_size=3, stride=1, padding=1)
branch_pool = self.branch_pool(branch_pool)
```

上面的程式碼中，先應用了平均池化層和 1×1 的卷積區塊，最後，把所有結果串連在一起。Inception 網路包含了好幾個 Inception 區塊，圖 8.5 即為 Inception 架構的樣子：

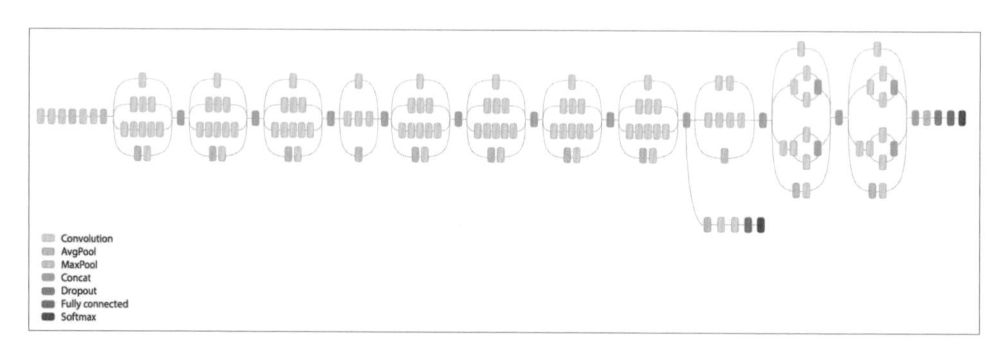

■ 圖 8.5　Inception 架構

Torchvision 套件包含了與 ResNet 使用方式相同的 Inception 網路；最初的 Inception 版本已幾經改善，PyTorch 可用的最新實作版本是 Inception V3。讓我們看一下如何使用 torchvision 中的 Inception V3 模型來計算預計算特徵，我們將使用與 8.1.1 節相同的資料載入器，所以這裡不再重複。來查看以下幾個重點部分：

- 建立 Inception 模型
- 使用 register_forward_hook 提取卷積特徵
- 為卷積特徵建立新資料集
- 建立全連接模型
- 訓練並驗證模型

◎ 建立 Inception 模型

Inception V3 模型有兩個分支，每個分支都會產生一個輸出，最初的模型訓練將合併損失，跟我們在風格轉換中所做的一樣。到目前為止，我們感興趣的是只使用 Inception 的一個分支計算預卷積特徵。深入探討細節超出了本書的範疇，如果大家對其運作原理感興趣，可以上網查看 Inception 模型的論文與原始碼瞭解更多細節（https://github.com/pytorch/vision/blob/master/torchvision/models/inception.py）。我們可以透過把 aux_logits 參數設為 False，來禁用其中的一個分支。下面的程式碼示範了如何建立模型，並將 aux_logits 參數設為 False：

```
my_inception = inception_v3(pretrained=True)
my_inception.aux_logits = False
if is_cuda:
    my_inception = my_inception.cuda()
```

從 Inception 模型提取卷積特徵並不簡單，如同 ResNet，因此我們將使用 register_forward_hook 來提取激勵值。

◎ 使用 register_forward_hook 提取卷積特徵

我們將使用風格轉換中計算激勵函數的相同技術。下面的 LayerActivations 類別進行了細微修改，因為我們只需要提取特定層的輸出：

```
class LayerActivations():
    features=[]
    def __init__(self,model):
        self.features = []
        self.hook = model.register_forward_hook(self.hook_fn)
    def hook_fn(self,module,input,output):
        self.features.extend(output.view(output.size(0),-1).cpu().data)
    def remove(self):
        self.hook.remove()
```

除了 hook 函數，其他程式碼類似風格轉換中的相關程式碼。由於要捕捉所有圖片的輸出並保存，因此不能把資料保留在 GPU 記憶體中。我們從 GPU 中提取張量到

CPU，並保存張量，而不是 Variable。將其轉換回張量，是因為資料載入器只支援張量。下面的程式碼中，最後一層使用 LayerActivations 物件提取 Inception 模型的輸出，提取的輸出不包括平均池化層、dropout 層和線性層。當中，跳過平均池化層是為了避免失去資料中的有用資訊：

```
#建立 LayerActivations 物件，儲存 inceptin 模型在特定層的輸出。
trn_features = LayerActivations(my_inception.Mixed_7c)
trn_labels = []

#將所有資料傳入模型，作為副產物，輸出將保存到 LayerActivations 物件的特徵列表。
for da,la in train_loader:
    _ = my_inception(Variable(da.cuda()))
    trn_labels.extend(la)
trn_features.remove()

#為驗證資料集重複相同過程

val_features = LayerActivations(my_inception.Mixed_7c)
val_labels = []
for da,la in val_loader:
    _ = my_inception(Variable(da.cuda()))
    val_labels.extend(la)
val_features.remove()
```

接下來，建立新卷積特徵需要的資料集和載入器。

為卷積特徵建立新資料集

可以使用相同的 FeaturesDataset 類別來建立新資料集和資料載入器。下面的程式碼建立了資料集和載入器：

```
#為訓練和驗證資料集預計算特徵的資料集

trn_feat_dset = FeaturesDataset(trn_features.features,trn_labels)
val_feat_dset = FeaturesDataset(val_features.features,val_labels)
```

```
#為訓練和驗證資料集預計算特徵的資料載入器

trn_feat_loader = DataLoader(trn_feat_dset,batch_size=64,shuffle=True)
val_feat_loader = DataLoader(val_feat_dset,batch_size=64)
```

完成上述步驟後，接著要建立在預卷積特徵上進行訓練的新模型。

建立全連接模型

簡單的模型可能到最後都會過度擬合，因此我們在模型中加入 dropout，dropout 可以防止模型過度擬合。用下面的程式碼建立模型：

```
class FullyConnectedModel(nn.Module):
    def __init__(self,in_size,out_size,training=True):
        super().__init__()
        self.fc = nn.Linear(in_size,out_size)

    def forward(self,inp):
        out = F.dropout(inp, training=self.training)
        out = self.fc(out)
        return out

#選中的卷積特徵之輸出大小
fc_in_size = 131072

fc = FullyConnectedModel(fc_in_size,classes)
if is_cuda:
    fc = fc.cuda()
```

模型建立後，就可以進行訓練了。

訓練並驗證模型

與之前 ResNet 及其他例子一樣的 `fit` 方法和訓練邏輯，也一樣會用在這次的模型訓練上。我們只看訓練部分的程式碼，以及它的輸出結果：

```
for epoch in range(1,10):
    epoch_loss, epoch_accuracy =
fit(epoch,fc,trn_feat_loader,phase='training')
    val_epoch_loss , val_epoch_accuracy =
fit(epoch,fc,val_feat_loader,phase='validation')
    train_losses.append(epoch_loss)
    train_accuracy.append(epoch_accuracy)
    val_losses.append(val_epoch_loss)
    val_accuracy.append(val_epoch_accuracy)
```

```
#結果
training loss is 0.78 and training accuracy is 22825/23000 99.24
validation loss is 5.3 and validation accuracy is 1947/2000 97.35
training loss is 0.84 and training accuracy is 22829/23000 99.26
validation loss is 5.1 and validation accuracy is 1952/2000 97.6
training loss is 0.69 and training accuracy is 22843/23000 99.32
validation loss is 5.1 and validation accuracy is 1951/2000 97.55
training loss is 0.58 and training accuracy is 22852/23000 99.36
validation loss is 4.9 and validation accuracy is 1953/2000 97.65
training loss is 0.67 and training accuracy is 22862/23000 99.4
validation loss is 4.9 and validation accuracy is 1955/2000 97.75
training loss is 0.54 and training accuracy is 22870/23000 99.43
validation loss is 4.8 and validation accuracy is 1953/2000 97.65
training loss is 0.56 and training accuracy is 22856/23000 99.37
validation loss is 4.8 and validation accuracy is 1955/2000 97.75
training loss is 0.7 and training accuracy is 22841/23000 99.31
validation loss is 4.8 and validation accuracy is 1956/2000 97.8
training loss is 0.47 and training accuracy is 22880/23000 99.48
validation loss is 4.7 and validation accuracy is 1956/2000 97.8
```

透過觀察結果可知，Inception 模型在訓練集上達到的準確率是 99%，在驗證集上達到的準確率是 97.8%。由於我們進行了預計算，並把所有特徵保留在記憶體中，因此訓練模型只花了幾分鐘。如果大家在自己機器上執行程序時記憶體不足，那麼建議你最好不要將特徵保留在記憶體中。

下一節我們將學習另一個有趣的架構 DenseNet，它從前兩年開始流行起來。

8.2 密集連接卷積網路（DenseNet）

一些成功又流行的架構，如 ResNet 和 Inception，在在顯示出它們具備了更深和更廣的網路重要性。ResNet 使用了捷徑連接來搭建更深的網路，而 DenseNet 則是更進一步，它引入了每層與所有後續層的連接，即每一層都能接收所有前置層的特徵圖作為輸入。其公式表示如下：

$$X_l = H_l(x_0, x_1, x_2, \ldots, x_{l-1})$$

圖 8.6 為一個五層的 dense block 模組：

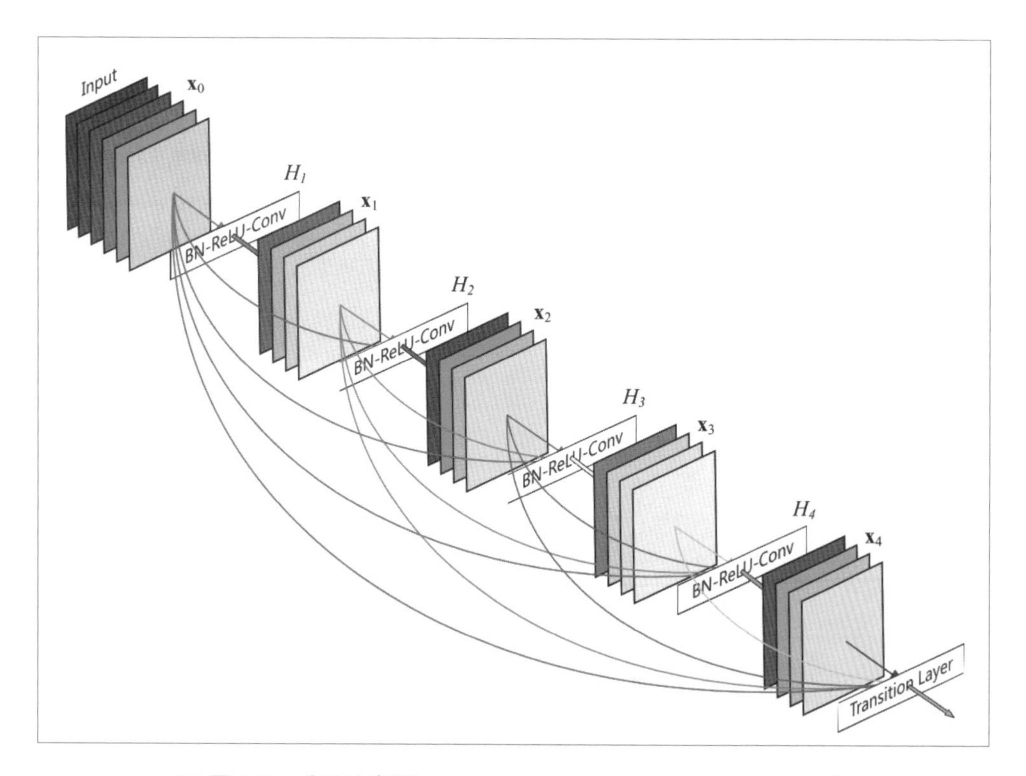

■ 圖 8.6 （圖片來源：https://arxiv.org/abs/1608.06993）

有一個 torchvision 的 DenseNet 實作（參見 https://github.com/pytorch/vision/blob/master/torchvision/models/densenet.py）；讓我們來看看其中的兩個主要功能：_DenseBlock 和 _DenseLayer。

8.2.1 DenseBlock

我們先看一下 DenseBlock 的程式碼，然後再詳細解釋：

```
class_DenseBlock(nn.Sequential):
    def __init__(self, num_layers, num_input_features, bn_size,
growth_rate, drop_rate):
        super(_DenseBlock, self).__init__()
        for i in range(num_layers):
            layer = _DenseLayer(num_input_features + i * growth_rate,
growth_rate, bn_size, drop_rate)
            self.add_module('denselayer%d' % (i + 1), layer)
```

DenseBlock 是一個序列模組，我們按順序來添加層，根據當中層（num_layers）的數量，我們添加同等數量且附加了名字的 _Denselayer 物件。所有的操作都發生在 DenseLayer 內部；來看看 DenseLayer 內部有哪些操作吧。

8.2.2 DenseLayer

理解某個特定網路是如何運作的，最好的方法就是查看它的原始碼。PyTorch 的實作非常簡潔，大多數都一目了然。我們現在來看 DenseLayer 的實作：

```
class _DenseLayer(nn.Sequential):
    def __init__(self, num_input_features, growth_rate, bn_size,
drop_rate):
        super(_DenseLayer, self).__init__()
        self.add_module('norm.1', nn.BatchNorm2d(num_input_features)),
        self.add_module('relu.1', nn.ReLU(inplace=True)),
        self.add_module('conv.1', nn.Conv2d(num_input_features, bn_size *
                        growth_rate, kernel_size=1, stride=1, bias=False)),
        self.add_module('norm.2', nn.BatchNorm2d(bn_size * growth_rate)),
```

```
        self.add_module('relu.2', nn.ReLU(inplace=True)),
        self.add_module('conv.2', nn.Conv2d(bn_size * growth_rate,
growth_rate,
                        kernel_size=3, stride=1, padding=1, bias=False)),
        self.drop_rate = drop_rate

    def forward(self, x):
        new_features = super(_DenseLayer, self).forward(x)
        if self.drop_rate > 0:
            new_features = F.dropout(new_features, p=self.drop_rate,
training=self.training)
        return torch.cat([x, new_features], 1)
```

如果大家不瞭解 Python 中的繼承（inheritance），可能就不太能理解前面的程式碼。_DenseLayer 是 nn.Sequential 的子類；我們來逐步說明每個方法內部是如何運作的。

在 __init__ 方法中，加入輸入資料需傳入的所有層，這裡和之前的其他網路結構非常相似。

關鍵操作在 forward 方法中：我們把輸入傳給 super 類 nn.Sequential 的 forward 方法。看一下序列類別（https://github.com/pytorch/pytorch/blob/409b1c8319ecde4bd62fcf98d0a6658ae7a4ab23/torch/nn/modules/container.py）的 forward 方法執行了哪些操作：

```
def forward(self, input):
    for module in self._modules.values():
        input = module(input)
    return input
```

將輸入傳遞到之前加到序列區塊中的所有層，並把輸出聯合成輸入。這個過程的重複次數，等同於區塊中所需的層數。

在理解了 DenseNet 區塊的運作原理之後，我們就來探討如何使用 DenseNet 計算預卷積特徵，並在其上建立分類模型。從較高的角度看，DenseNet 的實作和 VGG

的實作是很類似的：DenseNet 的實作也有一個 features 模組——它包含了所有的 dense block，以及一個分類器模組——包含了所有的全連接模型。我們將經由以下步驟來建立模型，但略過與 Inception、ResNet 網路類似的部分，像是建立資料載入器和資料集。同樣地，我們將詳細討論下列步驟：

- 建立 DenseNet 模型
- 提取 DenseNet 特徵
- 建立資料集和載入器
- 建立全連接模型並進行訓練

到現在為止，大部分程式碼都是簡單易懂的。

建立 DenseNet 模型

torchvision 提供了具有不同層選項（121、169、201、161）的預訓練 DenseNet 模型，我們選擇了 121 層的模型。前面有提到，DenseNet 有兩個模組：features（包含 dense 區塊）和分類器（全連接區塊）；由於我們使用 DenseNet 作為圖片特徵提取器，因此只會使用 features 模組：

```
my_densenet = densenet121(pretrained=True).features
if is_cuda:
    my_densenet = my_densenet.cuda()

for p in my_densenet.parameters():
    p.requires_grad = False
```

接下來，要從圖片中提取 DenseNet 特徵。

提取 DenseNet 特徵

除了不使用 register_forward_hook 提取特徵以外，其餘做法都和 Inception 大致相同。下面的程式碼則是展示了 DenseNet 特徵是如何提取的：

```
#訓練資料
trn_labels = []
trn_features = []

#為訓練資料集儲存 densenet 特徵的程式碼
for d,la in train_loader:
    o = my_densenet(Variable(d.cuda()))
    o = o.view(o.size(0),-1)
    trn_labels.extend(la)
    trn_features.extend(o.cpu().data)

#驗證資料
val_labels = []
val_features = []

#為驗證資料集儲存 densenet 特徵的程式碼
for d,la in val_loader:
    o = my_densenet(Variable(d.cuda()))
    o = o.view(o.size(0),-1)
    val_labels.extend(la)
    val_features.extend(o.cpu().data)
```

上述程式碼和之前 Inception、ResNet 部分的程式碼類似。

◎ 建立資料集和載入器

使用 ResNet 中建立過的同一個 `FeaturesDataset` 類別，為 `train` 和 `validation` 資料集建立資料載入器，程式碼如下：

```
#為訓練和驗證卷積特徵建立資料集
trn_feat_dset = FeaturesDataset(trn_features,trn_labels)
val_feat_dset = FeaturesDataset(val_features,val_labels)

#為批次訓練和驗證資料集建立資料載入器
trn_feat_loader =
DataLoader(trn_feat_dset,batch_size=64,shuffle=True,drop_last=True)
val_feat_loader = DataLoader(val_feat_dset,batch_size=64)
```

準備建立模型並進行訓練。

建立全連接模型並進行訓練

我們將使用與 Inception、ResNet 中相似的簡單線性模型。下面的程式碼展示了用於訓練模型的網路結構：

```
class FullyConnectedModel(nn.Module):
    def __init__(self,in_size,out_size):
        super().__init__()
        self.fc = nn.Linear(in_size,out_size)

    def forward(self,inp):
        out = self.fc(inp)
        return out

fc = FullyConnectedModel(fc_in_size,classes)
if is_cuda:
    fc = fc.cuda()
```

使用相同的 fit 方法訓練上面的模型。下面給出了訓練程式碼以及結果：

```
train_losses , train_accuracy = [],[]
val_losses , val_accuracy = [],[]
for epoch in range(1,10):
    epoch_loss, epoch_accuracy =
fit(epoch,fc,trn_feat_loader,phase='training')
    val_epoch_loss , val_epoch_accuracy =
fit(epoch,fc,val_feat_loader,phase='validation')
    train_losses.append(epoch_loss)
    train_accuracy.append(epoch_accuracy)
    val_losses.append(val_epoch_loss)
    val_accuracy.append(val_epoch_accuracy
```

上述程式碼的結果如下：

```
#結果

training loss is 0.057 and training accuracy is 22506/23000 97.85
validation loss is 0.034 and validation accuracy is 1978/2000 98.9
training loss is 0.0059 and training accuracy is 22953/23000 99.8
validation loss is 0.028 and validation accuracy is 1981/2000 99.05
training loss is 0.0016 and training accuracy is 22974/23000 99.89
validation loss is 0.022 and validation accuracy is 1983/2000 99.15
training loss is 0.00064 and training accuracy is 22976/23000 99.9
validation loss is 0.023 and validation accuracy is 1983/2000 99.15
training loss is 0.00043 and training accuracy is 22976/23000 99.9
validation loss is 0.024 and validation accuracy is 1983/2000 99.15
training loss is 0.00033 and training accuracy is 22976/23000 99.9
validation loss is 0.024 and validation accuracy is 1984/2000 99.2
training loss is 0.00025 and training accuracy is 22976/23000 99.9
validation loss is 0.024 and validation accuracy is 1984/2000 99.2
training loss is 0.0002 and training accuracy is 22976/23000 99.9
validation loss is 0.025 and validation accuracy is 1985/2000 99.25
training loss is 0.00016 and training accuracy is 22976/23000 99.9
validation loss is 0.024 and validation accuracy is 1986/2000 99.3
```

上述演算法可以在訓練集上達到最高 99% 的準確率，在驗證集上達到最高 99% 的準確率。如果用不同的圖片建立驗證資料集，得到的結果也可能會有所差異。

DenseNet 的優點包括了：

- 大幅減少了需要訓練的參數個數
- 減緩了梯度消失問題
- 增加了特徵的重用（reuse）

下一節中，將探討如何使用 ResNet、Inception 和 DenseNet 這些不同的模型，去建立一個模型，將計算的卷積特徵結合在一起。

8.3 模型集成

有時需要將多個模型組合成一個功能更強大的模型，因此，也有許多技術可以用來建立一個集成模型（ensemble model），本節將學習使用三個不同模型（ResNet、Inception 和 DenseNet）生成的特徵來聯合輸出；我們也會使用本章中其他例子用到的資料集。

集成模型的架構圖如圖 8.7 所示：

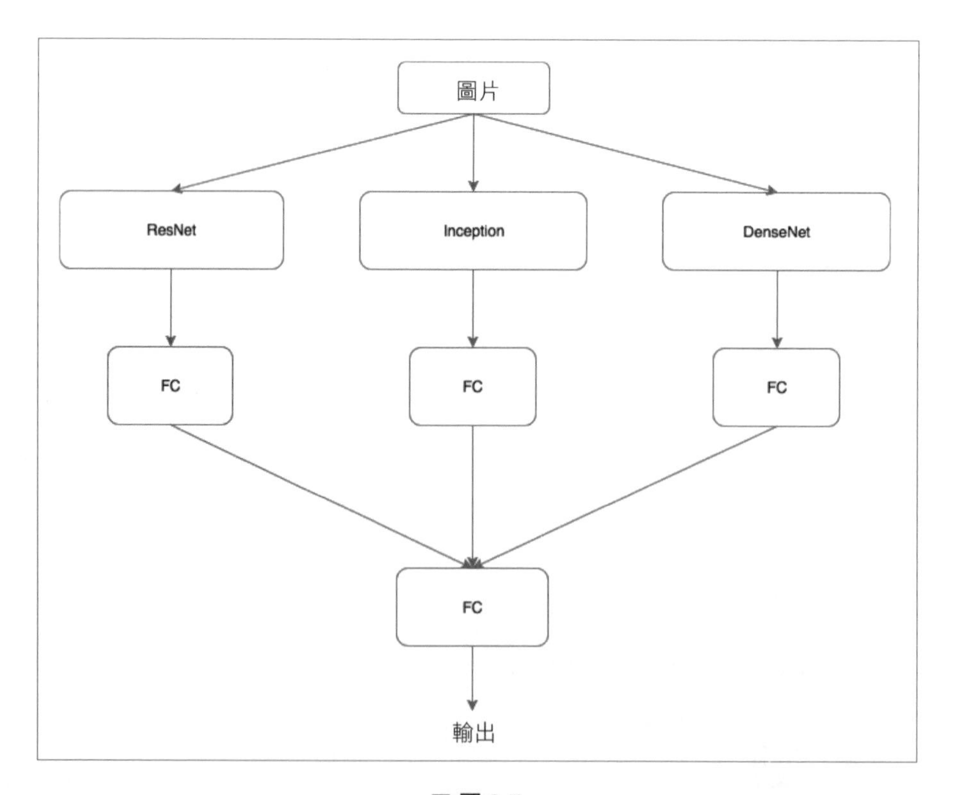

■ 圖 8.7

圖 8.7 為集成模型的操作，可以總結成以下五個步驟：

1. 建立三種模型
2. 使用建立的模型提取圖片特徵
3. 建立返回三種模型特徵和標籤的自定義資料集
4. 建立和圖 8.7 類似的架構
5. 訓練和驗證模型

現在我們就來詳細說明每一個步驟。

8.3.1 建立模型

使用下面的程式碼建立三種所需的模型：

```
#建立 ResNet 模型
my_resnet = resnet34(pretrained=True)

if is_cuda:
    my_resnet = my_resnet.cuda()

my_resnet = nn.Sequential(*list(my_resnet.children())[:-1])

for p in my_resnet.parameters():
    p.requires_grad = False

#建立 Inception 模型

my_inception = inception_v3(pretrained=True)
my_inception.aux_logits = False
if is_cuda:
    my_inception = my_inception.cuda()
for p in my_inception.parameters():
    p.requires_grad = False

#建立 DenseNet 模型
```

```
my_densenet = densenet121(pretrained=True).features
if is_cuda:
    my_densenet = my_densenet.cuda()
for p in my_densenet.parameters():
    p.requires_grad = False
```

我們已經建立了所有模型，下一步則是要從圖片中提取特徵。

8.3.2 提取圖片特徵

在這個步驟，把本章講解過的演算法邏輯全部組合起來：

```
###ResNet

trn_labels = []
trn_resnet_features = []
for d,la in train_loader:
    o = my_resnet(Variable(d.cuda()))
    o = o.view(o.size(0),-1)
    trn_labels.extend(la)
    trn_resnet_features.extend(o.cpu().data)
val_labels = []
val_resnet_features = []
for d,la in val_loader:
    o = my_resnet(Variable(d.cuda()))
    o = o.view(o.size(0),-1)
    val_labels.extend(la)
    val_resnet_features.extend(o.cpu().data)

###Inception

trn_inception_features = LayerActivations(my_inception.Mixed_7c)
for da,la in train_loader:
    _ = my_inception(Variable(da.cuda()))

trn_inception_features.remove()
```

```
val_inception_features = LayerActivations(my_inception.Mixed_7c)
for da,la in val_loader:
    _ = my_inception(Variable(da.cuda()))

val_inception_features.remove()

###DenseNet

trn_densenet_features = []
for d,la in train_loader:
    o = my_densenet(Variable(d.cuda()))
    o = o.view(o.size(0),-1)
    trn_densenet_features.extend(o.cpu().data)

val_densenet_features = []
for d,la in val_loader:
    o = my_densenet(Variable(d.cuda()))
    o = o.view(o.size(0),-1)
    val_densenet_features.extend(o.cpu().data)
```

到現在為止，我們使用所有的模型建立了圖片特徵。如果大家遇到了記憶體問題，可以去掉一個模型，或者不要把特徵存到記憶體中，只不過這樣會減緩訓練速度。如果在 CUDA 實例上執行，就可以嘗試更強大的集成模型。

8.3.3 建立自定義資料集和資料載入器

由於開發 FeaturesDataset 類別的目的是只從一個模型中提取輸出，所以這裡不能再用這個類別。下面的實作對 FeaturesDataset 類別進行了小幅修改，使其可以容納三個模型生成的特徵：

```
class FeaturesDataset(Dataset):
    def __init__(self,featlst1,featlst2,featlst3,labellst):
        self.featlst1 = featlst1
        self.featlst2 = featlst2
        self.featlst3 = featlst3
```

```
        self.labellst = labellst
    def __getitem__(self,index):
        return
(self.featlst1[index],self.featlst2[index],self.featlst3[index], self.labell
st[index])
    def __len__(self):
        return len(self.labellst)

trn_feat_dset =
FeaturesDataset(trn_resnet_features,trn_inception_features.features,trn_den
senet_features,trn_labels)
val_feat_dset =
FeaturesDataset(val_resnet_features,val_inception_features.features,val_den
senet_features,val_labels)
```

我們對 `__init__` 方法做了修改，以保存不同模型生成的所有特徵，而 `__getitem__` 方法用於取得特徵和某張圖片的標籤。我們使用 `FeatureDataset` 類別建立了訓練資料和驗證資料的資料集實例；資料集建立好之後，可以使用相同的資料載入器對資料批次處理，如下方程式碼所示：

```
trn_feat_loader = DataLoader(trn_feat_dset,batch_size=64,shuffle=True)
val_feat_loader = DataLoader(val_feat_dset,batch_size=64)
```

8.3.4 建立集成模型

我們要建立一個和圖 8.7 類似的模型。下面是實作的程式碼：

```
class EnsembleModel(nn.Module):
    def __init__(self,out_size,training=True):
        super().__init__()
        self.fc1 = nn.Linear(8192,512)
        self.fc2 = nn.Linear(131072,512)
        self.fc3 = nn.Linear(82944,512)
        self.fc4 = nn.Linear(512,out_size)
```

```
    def forward(self,inp1,inp2,inp3):
        out1 = self.fc1(F.dropout(inp1,training=self.training))
        out2 = self.fc2(F.dropout(inp2,training=self.training))
        out3 = self.fc3(F.dropout(inp3,training=self.training))
        out = out1 + out2 + out3
        out = self.fc4(F.dropout(out,training=self.training))
        return out

em = EnsembleModel(2)
if is_cuda:
    em = em.cuda()
```

在上述程式碼中，建立了三個線性層，這三個線性層接受不同模型所生成的特徵。我們把這三個線性層的輸出相加，並傳入另一個線性層，這個線性層會把它們映射到需要的類別。為了防止模型過度擬合，這裡使用了 dropout。

8.3.5 訓練和驗證模型

現在，需要對 `fit` 方法做輕微的修改，以容納資料載入器生成的三組輸入值。下面是修改後的程式碼，實作了新的 `fit` 函數：

```
def fit(epoch,model,data_loader,phase='training',volatile=False):
    if phase == 'training':
        model.train()
    if phase == 'validation':
        model.eval()
        volatile=True
    running_loss = 0.0
    running_correct = 0
    for batch_idx , (data1,data2,data3,target) in enumerate(data_loader):
        if is_cuda:
            data1,data2,data3,target =
data1.cuda(),data2.cuda(),data3.cuda(),target.cuda()
        data1,data2,data3,target =
Variable(data1,volatile),Variable(data2,volatile),Variable(data3,volatile),
Variable(target)
```

```
            if phase == 'training':
                optimizer.zero_grad()
            output = model(data1,data2,data3)
            loss = F.cross_entropy(output,target)
            running_loss += 
F.cross_entropy(output,target,size_average=False).data[0]
            preds = output.data.max(dim=1,keepdim=True)[1]
            running_correct += preds.eq(target.data.view_as(preds)).cpu().sum()
            if phase == 'training':
                loss.backward()
                optimizer.step()
        loss = running_loss/len(data_loader.dataset)
        accuracy = 100. * running_correct/len(data_loader.dataset)
        print(f'{phase} loss is {loss:{5}.{2}} and {phase} accuracy is 
{running_correct}/{len(data_loader.dataset)}{accuracy:{10}.{4}}')
        return loss,accuracy
```

從上面的程式碼中可以看出，除了載入器返回了三組輸入和一個標籤外，大部分程式碼都是一樣的。因此，我們修改了函數中的程式碼，使上述程式碼更簡單易懂。

下面是用於訓練的程式碼：

```
train_losses , train_accuracy = [],[]
val_losses , val_accuracy = [],[]
for epoch in range(1,10):
    epoch_loss, epoch_accuracy = 
fit(epoch,em,trn_feat_loader,phase='training')
    val_epoch_loss , val_epoch_accuracy = 
fit(epoch,em,val_feat_loader,phase='validation')
    train_losses.append(epoch_loss)
    train_accuracy.append(epoch_accuracy)
    val_losses.append(val_epoch_loss)
    val_accuracy.append(val_epoch_accuracy)
```

上述程式碼的結果如下：

```
#結果

training loss is 7.2e+01 and training accuracy is 21359/23000 92.87
validation loss is 6.5e+01 and validation accuracy is 1968/2000 98.4
training loss is 9.4e+01 and training accuracy is 22539/23000 98.0
validation loss is 1.1e+02 and validation accuracy is 1980/2000 99.0
training loss is 1e+02 and training accuracy is 22714/23000 98.76
validation loss is 1.4e+02 and validation accuracy is 1976/2000 98.8
training loss is 7.3e+01 and training accuracy is 22825/23000 99.24
validation loss is 1.6e+02 and validation accuracy is 1979/2000 98.95
training loss is 7.2e+01 and training accuracy is 22845/23000 99.33
validation loss is 2e+02 and validation accuracy is 1984/2000 99.2
training loss is 1.1e+02 and training accuracy is 22862/23000 99.4
validation loss is 4.1e+02 and validation accuracy is 1975/2000 98.75
training loss is 1.3e+02 and training accuracy is 22851/23000 99.35
validation loss is 4.2e+02 and validation accuracy is 1981/2000 99.05
training loss is 2e+02 and training accuracy is 22845/23000 99.33
validation loss is 6.1e+02 and validation accuracy is 1982/2000 99.1
training loss is 1e+02 and training accuracy is 22917/23000 99.64
validation loss is 5.3e+02 and validation accuracy is 1986/2000 99.3
```

集成模型達到了 99.6% 的訓練準確率和 99.3% 的驗證準確率。儘管集成模型非常強大，但計算成本卻很高。不過，解決如 Kaggle 上的競賽問題時，很適合使用這種技術。

8.4 encoder-decoder 架構

在本書中，幾乎所有的深度學習演算法都擅長將訓練資料映射成對應的標籤，我們不能直接用它們去執行從一個序列學習然後生成另一個序列或圖片的任務，例如下面這些應用：

- 語言翻譯
- 影像標題

- 圖片生成（seq2img）
- 語音辨識
- 問答系統

這些問題，大多數可以視為序列對序列的映射，用一種模型框架來解決，叫做 **encoder–decoder 架構**，本節將學習這種架構的原理。我們不會探討這些網路如何實作，因為那涉及了太多細節。

從較高的角度看，一個 encoder–decoder 架構如圖 8.8 所示：

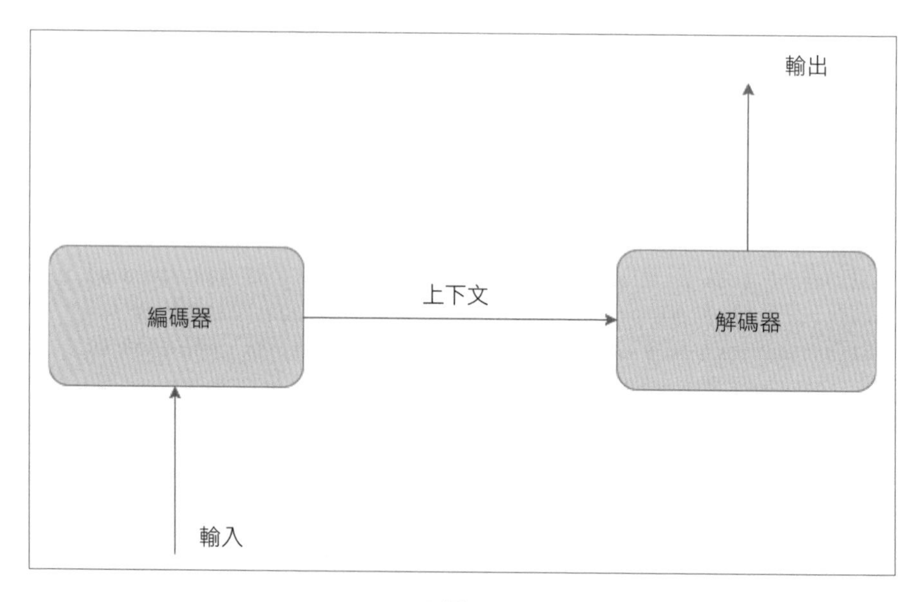

■ 圖 8.8

編碼器（encoder）通常是一個遞迴神經網路（RNN）（對序列資料而言）或卷積網路（CNN）（對圖片而言），它接受一個影像或一個序列作為輸入，並轉換成固定長度的向量，將所有資訊進行編碼；而解碼器（decoder）是另外一個 RNN 或 CNN，它學習如何將編碼器所產生的向量解碼，從而產生新的資料序列。圖 8.9 為影像標題系統的 encoder– decoder 架構：

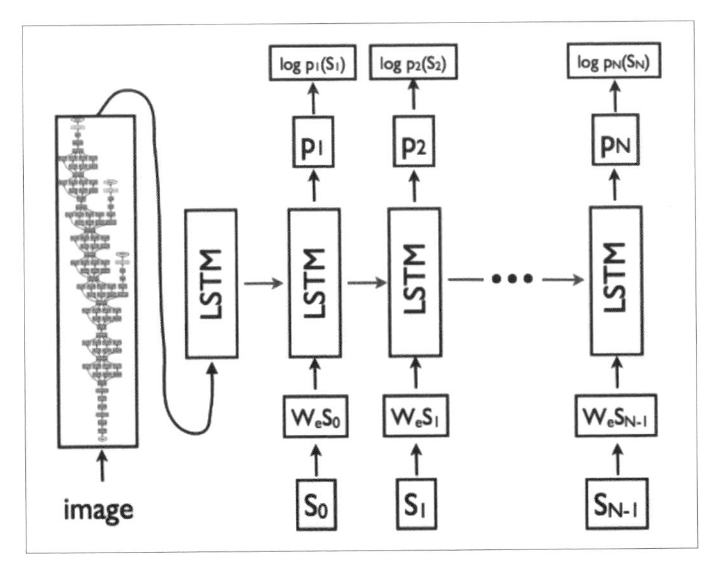

■ 圖 8.9　影像標題系統的 encoder-decoder 架構
（圖片來源：https://arxiv.org/pdf/1411.4555.pdf）

下一節，我們將詳細瞭解影像標題系統的編碼器和解碼器之內部架構。

8.4.1　編碼器

對於影像標題系統，我們比較習慣使用已訓練的架構，如 ResNet 或 Inception，從影像中提取特徵。如同集成模型，可以使用線性層輸出固定的向量長度，並讓線性層是可訓練的。

8.4.2　解碼器

解碼器是**長短期記憶（LSTM）**網路層，它會為一張圖片產生標題。為了建立一個簡單的模型，可以將編碼器嵌入向量傳給 LSTM 作為輸入，只傳一次，但解碼器學習起來就會非常困難；一般實務做法是為解碼器的每一個步驟提供編碼器嵌入向量。簡單來說，就是解碼器學習去產生一個文本序列，此序列將是最適合作為給定圖片的標題描述。

8.5 小結

本章探討了一些現代的架構，如 ResNet、Inception 和 DenseNet，同時也講解了如何利用這些模型進行遷移學習和集成，並介紹 encoder–decoder 架構，它應用於許多系統，例如語言翻譯系統。

下一章將歸納整理本書學習了哪些內容，並討論讀者今後可以關注的方向，我們也會介紹很多 PyTorch 相關資源，以及使用 PyTorch 建立的一些有趣深度學習專案，或是還在進行中的相關研究。

DEEP LEARNING

LEARNING

09

未來走向

感謝大家閱讀到本書的最後一章！大家對於使用 PyTorch 建立深度學習必須具備的核心機制和**應用程序介面（application program interface, API）**，應該有了深刻的瞭解，現在，應該可以輕鬆地將所有的基礎知識，應用到多數的現代深度學習演算法上。

9.1 未來走向

本章將總結本書所學過的內容，並進一步探討不同的專案和資源，這些專案和資源將幫助大家更進一步跟上最新的研究成果。

9.2 回顧

在此，我們對本書內容做一個統整並概略陳述於下：

- **人工智慧（AI）**和機器學習的歷史——硬體和演算法的各種發展和演進，如何引發了深度學習實作於不同應用程式上的巨大成功。
- 如何使用 PyTorch 的多種建構部分，如變數、張量和 `nn.module`，來開發神經網路。
- 理解訓練神經網路所涉及的不同執行過程，如使用 PyTorch 資料集進行資料準備，使用資料載入器對張量進行批次處理，使用 `torch.nn` 套件建立網路架構，以及應用 PyTorch 的損失函數和優化器。
- 瞭解了不同類型的機器學習問題以及隨之而來的挑戰，如過度擬合和欠擬合。也學習了不同的技術，如資料增強、添加 dropout，以及使用批次正規化以避免過度擬合。
- 學習了**卷積神經網路（CNN）**的不同組成部分，並瞭解有助於使用預訓練模型的遷移學習，同時也探索了可以減少訓練模型時間的技術，像是使用預卷積特徵等。
- 瞭解詞嵌入以及如何將其用於文本分類問題，也知道了如何使用預訓練的詞嵌入，更進一步介紹了**遞迴神經網路（RNN）**和它的變體**長短期記憶（LSTM）**網路，以及如何應用它們來解決文本分類問題。
- 研究生成模型以及如何使用 PyTorch 建立藝術風格轉換作品，如何使用**生成對抗網路（GAN）**去建立新的 CIFAR 圖片，也一併探索了用於建立新文本或特定領域詞嵌入的語言建模技術。

- 介紹現代網路架構，像是 ResNet、Inception、DenseNet 和 encode-decoder 等，並學會如何使用這些模型進行遷移學習，以及組合多種模型建立集成模型的方法。

9.3 有趣的創意應用

本書講解的大多數概念，構成了現代深度學習應用的基礎。本節中，將介紹一些和電腦視覺及**自然語言處理（NLP）**相關的有趣專案。

9.3.1 物件偵測

本書裡頭看到的所有例子，都能幫助大家偵測圖片中的物件是貓還是狗，然而，要解決實務問題，可能需要識別影像中的不同物件，如下圖所示：

■ 圖 9.1　物件偵測演算法的輸出

圖 9.1 為物件偵測演算法（object detection algorithm）的輸出，物件偵測演算法可以偵測諸如一隻漂亮的貓和狗這樣的物件。正如圖片分類有現成的演算法，也存在

很多有助於建立物件辨識（object recognition）系統的優秀演算法，這裡列出了其中幾個重要的演算法：

- single shot multibox detector（SSD，單步多框偵測器）
  `https://arxiv.org/abs/1512.02325`
- Faster R-CNN
  `https://arxiv.org/abs/1506.01497`
- YOLO2
  `https://arxiv.org/abs/1612.08242`

9.3.2 影像分割

假設大家在一棟建築物的露台上閱讀本書，你的周遭有什麼景物？你能夠畫出你所看到的畫面嗎？如果你的繪畫技巧比我厲害，那麼很可能會畫出幾棟建築物、一些樹木、鳥和更有趣的東西。影像分割演算法（image segmentation algorithm）它所做的事情，正是如此。給定一張圖片後，它們會為每個像素產生預測，識別它屬於哪一個類別。圖 9.2 所示即為影像分割演算法識別出的內容。

■ 圖 9.2 影像分割演算法的輸出

關於影像分割，你需要瞭解的幾個重要演算法為：

- R-CNN
  https://arxiv.org/abs/1311.2524
- Fast R-CNN
  https://arxiv.org/abs/1504.08083
- Faster R-CNN
  https://arxiv.org/abs/1506.01497
- Mask R-CNN
  https://arxiv.org/abs/1703.06870

9.3.3 PyTorch 中的 OpenNMT

開源的神經機器翻譯（open-source neural machine translation, OpenNMT）（https://github.com/OpenNMT/OpenNMT-py）專案有助於建立 encoder-decoder 架構上的許多應用，諸如翻譯系統、文本摘要、圖片轉文本等的應用程式。

9.3.4 Allen NLP

Allen NLP 是在 PyTorch 上搭建的開源專案，可使用戶更容易完成很多自然語言處理任務。關於使用 Allen NLP 可以建立哪些應用，可以在官網上點擊 DEMO 頁面查看（http://demo.allennlp.org/machinecomprehension）。

9.3.5 fast.ai——神經網路不再神秘

在深度學習的學習路上，我最喜歡也是獲得很多靈感的地方，是一個網路公開課程 MOOC，它的唯一動機是讓所有人都能理解深度學習。MOOC 是由來自 *fast.ai*（http://www.fast.ai/）的 Jeremy Howard 和 Rachel Thomas 這兩位出色的導師所組織。在課程的新版本中，他們在 PyTorch 上建立了一個出色的框架（https://github.com/Quickai/Quickai），使得建立應用程式變得更容易、更快速。如果你還沒有接觸過他們的課程，我強烈建議你立即開始學習，透過探索 *fast.ai* 框架是如何建立，將能夠深入瞭解許多強大的技術。

9.3.6 Open Neural Network Exchange

開放神經網路交換格式（open neural network exchange, ONNX）是邁向開放生態系統的第一步，該生態系統讓用戶能夠隨著專案的發展選擇正確工具。ONNX 為深度學習模型提供了一種開源格式，它定義了一個可擴展的計算圖形模型，以及內建的運算子（operator）和標準資料類型；Caffe2、PyTorch、微軟開發的 Microsoft cognitive toolkit、Apache MXNet 還有一些其他工具，都正在開發支援 ONNX 的架構。

9.4 如何跟上最新進展

社交媒體平台，特別是 Twitter，可以讓大家獲得關注內容的最新消息。有很多人你可以關注，若不確定從哪裡開始，我會建議在 Twitter 上追蹤 Jeremy Howard 以及他追蹤的有趣人物，這樣一來，Twitter 的推薦系統就會為你啟動了。

另一個需要關注的，是 Twitter 上的 PyTorch 帳號，PyTorch 的開發人員有很多精彩的內容分享。

如需尋找研究論文，可以看看 *arxiv-sanity*（`http://www.arxiv-sanity.com/`），這裡有很多相關的論文。

學習 PyTorch 的更多相關資源，可以參考它的教學（`http://pytorch.org/tutorials/`）、原始碼（`https://github.com/pytorch/pytorch`）以及文件（`http://pytorch.org/docs/0.3.0/`）。

9.5 小結

深度學習和 PyTorch 博大精深，尤其 PyTorch 是一個相對較新的框架，在寫作本章時，PyTorch 問世只有一年時間。還有更多值得我們去學習和探索的，祝大家快樂地學習，順利成功！